创意十足的 

钩针编织居家清洁小物

日本宝库社 编著
甄东梅 译

河南科学技术出版社
·郑州·

目录

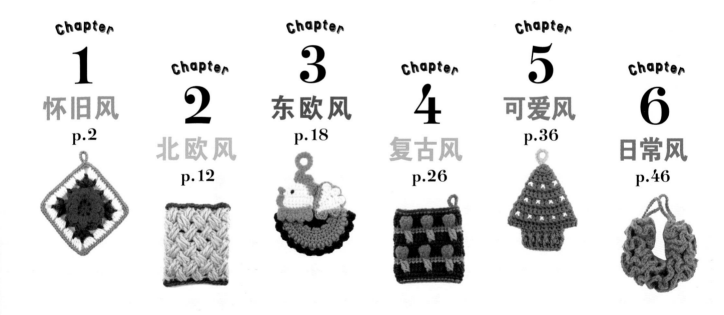

★书中表示长度且未注明单位的数字均以厘米（cm）为单位。

Chapter

1 怀旧风

这款作品的设计风格如同在安提克见到的景色一般，怀旧可爱。

1 可爱的连衣裙形状的百洁布，是使用双色毛线钩织的裙身，看起来张弛有度。

设计 … 桥本真由子
毛线 … 和麻纳卡中粗邦尼
编织方法… **p.4**

A
B

A
B
2 CUPS
1 PINT
LIQUID
1 CUP
16 OZ.

2

重复长针、短针钩织，就可以完成这款可爱的梯形短裤百洁布。
作品的亮点就是下摆的褶边设计。

设计…桥本真由子
毛线…和麻纳卡粗邦尼
编织方法… **p.5**

编织方法

1

图案… **p.2**

毛线

和麻纳卡中粗邦尼
A/原白色（101）20g、蓝绿色（131）15g（各1团）
B/胭脂红色（112）20g、原白色（101）15g（各1团）

针

钩针5/0号

成品尺寸

16.5cm×17.5cm（不包括线圈）

编织要点

●钩织12针锁针起针，连成环形。挑织锁针的里山，如图所示，育克部分钩织4行后剪线。
●在指定位置加线，钩织裙身时替换不同颜色的毛线，环形钩织8行。
●在锁针起针位置加线，钩织19针锁针，制作成线圈。

成品图

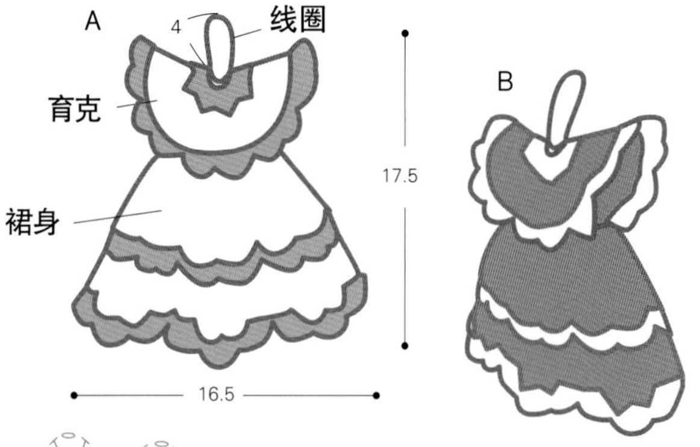

A
4
线圈
育克
裙身
17.5
16.5
B

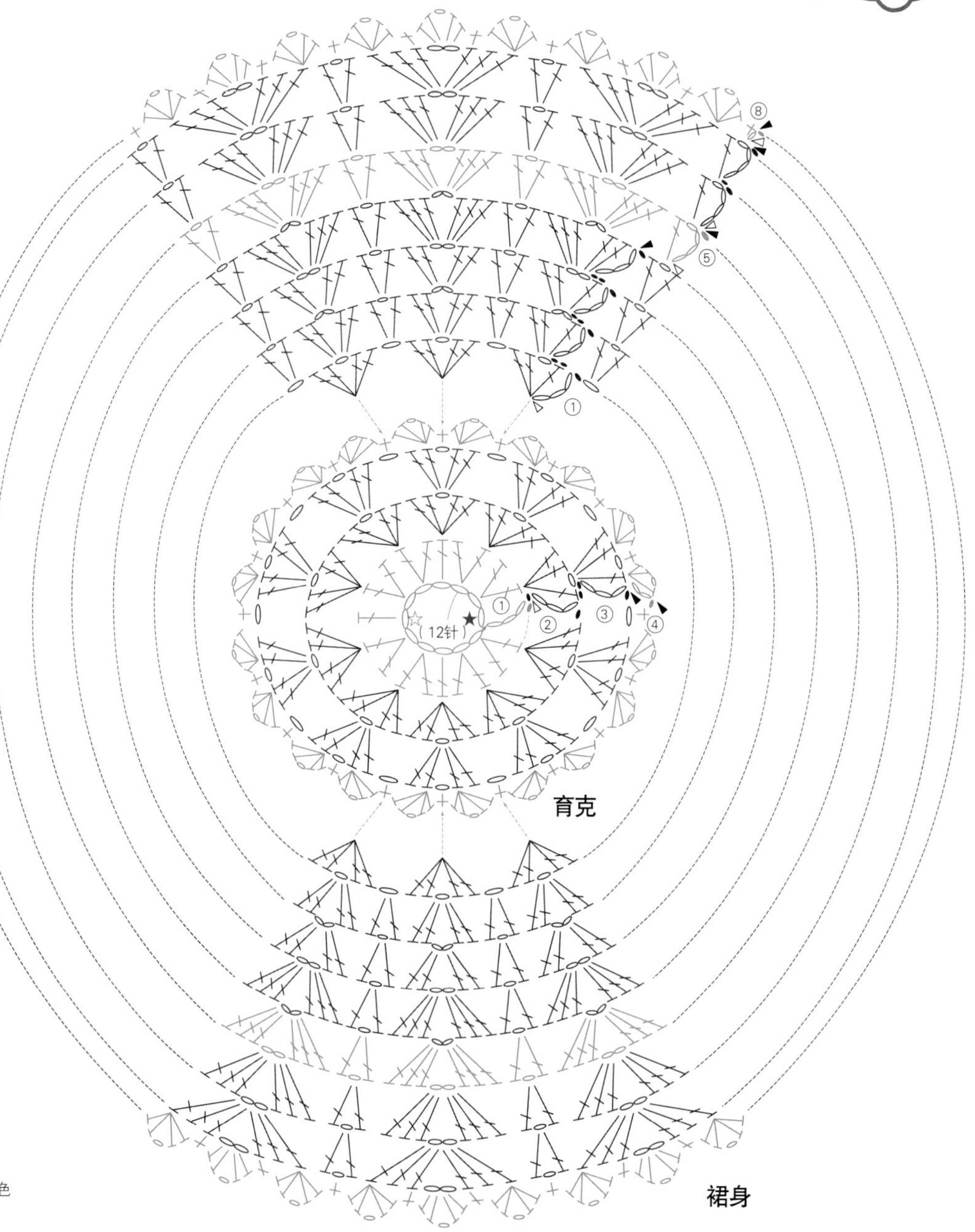

①
②
③
④
⑤
⑧
12针
育克
裙身

线圈

A＝蓝绿色 B＝原白色

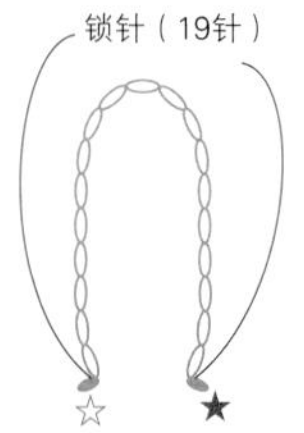

锁针（19针）

★ ＝线圈编织起点
☆ ＝线圈编织终点
▷ ＝加线
► ＝剪线

配色	A / B
——（浅色线）	＝蓝绿色 / 原白色
——（深色线）	＝原白色 / 胭脂红色

编织方法

2

图案…**p.3**

毛线

和麻纳卡粗邦尼

A/浅黄色（478）20g、冰绿色（607）15g（各1团）

B/橙粉色（605）20g、原白色（442）15g（各1团）

针

钩针7/0号

成品尺寸

19.5cm×12.5cm（不包括线圈）

编织要点

● 钩织24针锁针起针，连成环形。挑织锁针的里山，如图所示，钩织过程中替换毛线的颜色，共编织6行。

● 左、右腿部分是将针目平分成2份后，各环形钩织2行。

● 在锁针起针相反一侧的针目挑织后，钩织短针。钩织15针锁针，制作线圈。

成品图

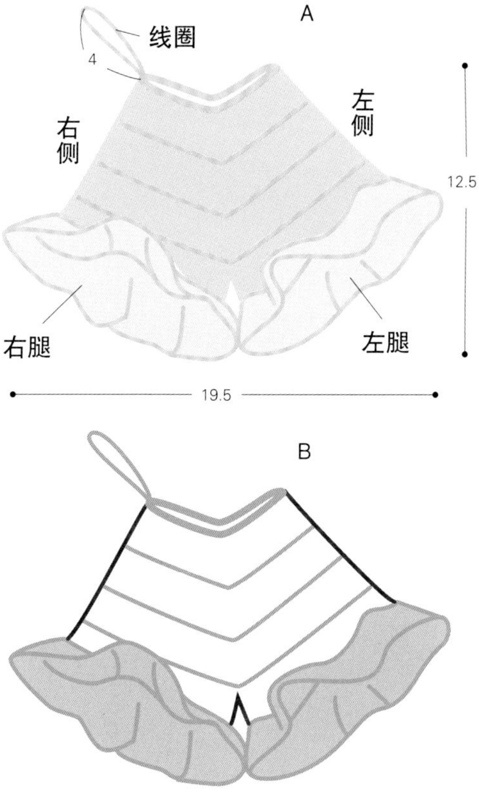

A
线圈
4
右侧
左侧
12.5
右腿
左腿
19.5
B

左侧
左腿
右腿
右侧
锁针（24针）起针
短针
线圈
锁针（15针）
▷ = 加线
▶ = 剪线
配色
A / B
= 浅黄色 / 橙粉色
= 冰绿色 / 原白色

A
B
C

3

3行花瓣制作的花形百洁布。
立体的结构设计更容易清除污渍。

设计　Sachiyo＊Fukao
毛线　和麻纳卡粗邦尼
编织方法　**p.8**

4

四周编织成正方形，中间用大花片点缀，这样一块百洁布瞬间就让厨房也变得华丽起来。

设计 … 金子祥子
毛线 … 和麻纳卡粗邦尼
编织方法… **p.9**

编织方法

3

图案… p.6

毛线

和麻纳卡粗邦尼

A/金黄色（433）13g、浅黄色（478）2g、原白色（442）1.5g（各1团）

B/樱桃粉色（604）13g、淡粉色（405）2g、金黄色（433）1.5g（各1团）

C/淡紫色（496）13g、薰衣草紫色（612）2g、浅黄色（478）1.5g（各1团）

针

钩针7.5/0号

成品尺寸

11cm×12cm（不包括线圈）

编织要点

●环形起针，如图所示，钩织花片时要替换毛线的颜色，共编织8行。在第7行编织出线圈。

配色表

	A	B	C
——	原白色	金黄色	浅黄色
——	金黄色	樱桃粉色	淡紫色
——	浅黄色	淡粉色	薰衣草紫色

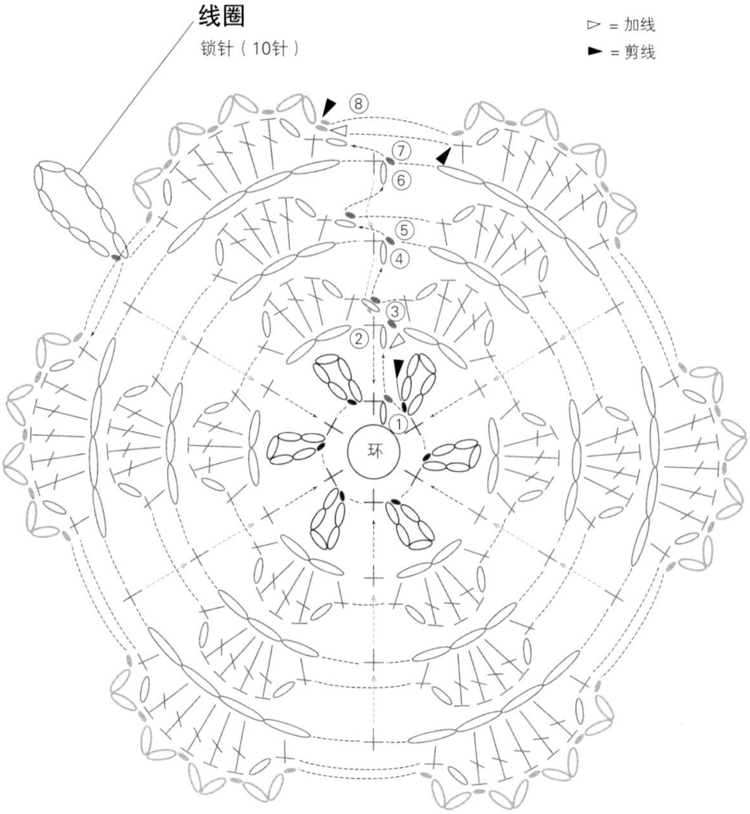

线圈
锁针（10针）
▷ = 加线
► = 剪线
环
① ② ③ ④ ⑤ ⑥ ⑦ ⑧

= 自上一行花瓣间的反面入针，编入上上行的短针针目中

成品图

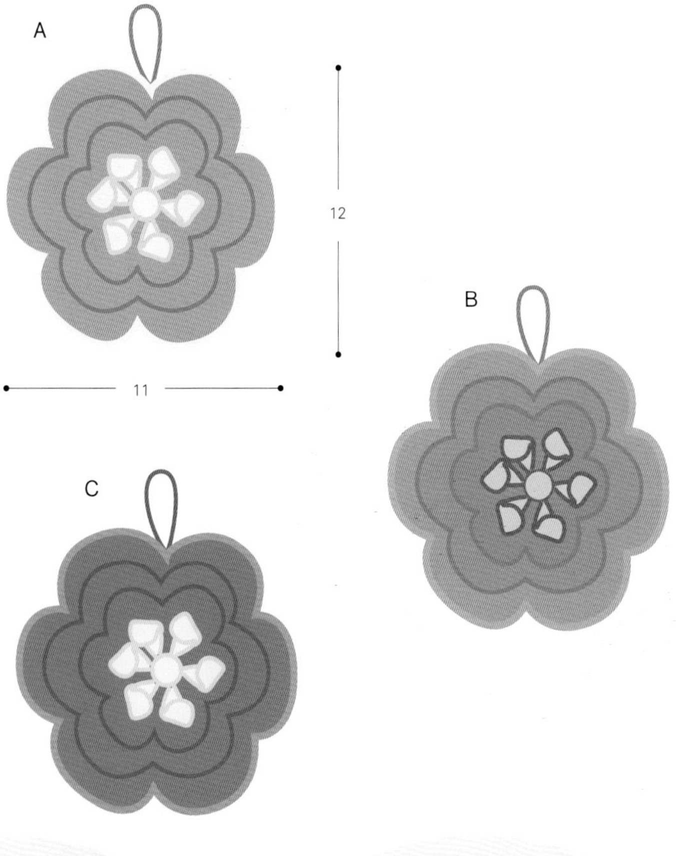

A
B
C
12
11

4

花片 红色

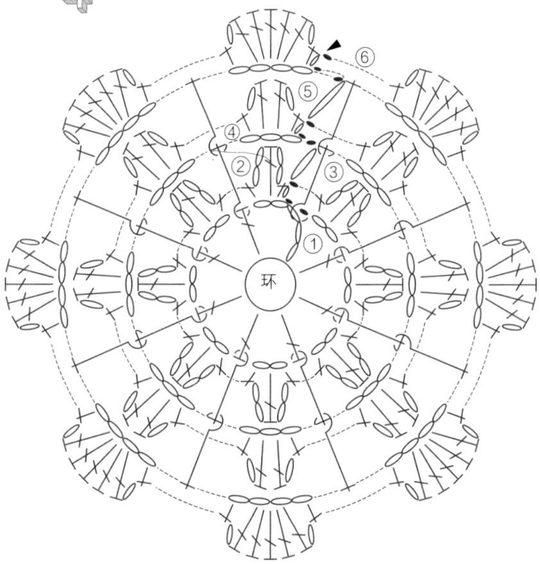

环
① ② ③ ④ ⑤ ⑥

= 内钩短针（从里向外钩织）

编织方法
4

图案… **p.7**

毛线

和麻纳卡粗邦尼

红色（404）12g，原白色（442）6g，橄榄绿色（494）、抹茶色（493）各4g（各1团）

针

钩针6/0号

成品尺寸

13.5cm×13.5cm（不包括线圈）

编织要点

- 环形起针，按照第8页右下角图中所示，花片钩织6行。
- 换不同颜色的毛线，在花片的周围钩织3行。

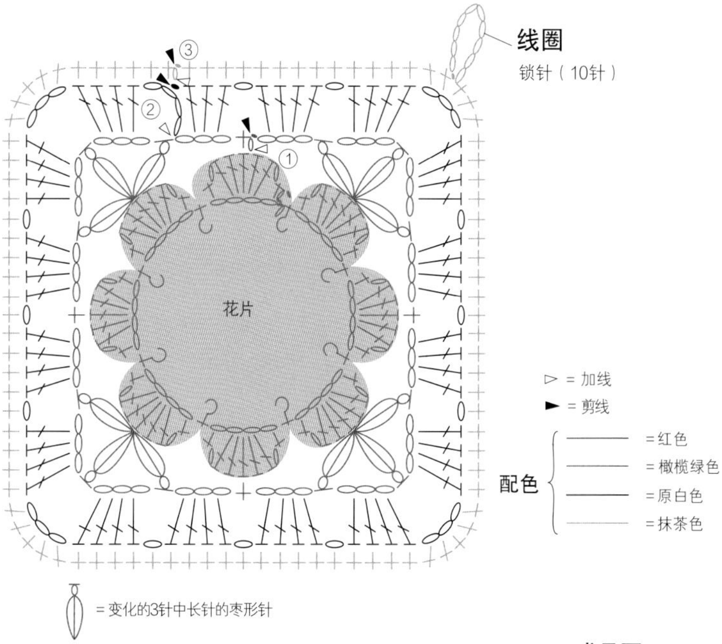

线圈
锁针（10针）
花片
①
②
③
▷=加线
►=剪线
配色
=红色
=橄榄绿色
=原白色
=抹茶色
=变化的3针中长针的枣形针

成品图

2
13.5
13.5

花瓣的钩织方法

花瓣重叠，编织出有立体感的花片。
第2个（第3行）花瓣之后的
编织方法有一些小特征。

※为了简便易看，这里换成了不同颜色的毛线。

反面

1 第2行后，立织1针锁针，织片翻转至反面，成束挑起第1行长针钩织的针脚。

2 钩织1针短针。

3 钩织3针锁针，成束挑起第1行后面长针钩织的针脚，钩织1针短针。这样就完成了1个连接。

4 按照前面的方法继续钩织，最后是引拔针。

正面
反面

5 立织1针锁针，织片翻转至正面，成束挑起第3行的锁针连接。

反面
正面

6 按照编织图钩织花瓣。

7 按照前面的方法继续钩织，最后是引拔针。第5、6行也根据编织图，按照相同方法钩织。

5、6

怀旧风格的百洁布。单片的设计风格更易晾干。

设计 … 桥本真由子
毛线 … 和麻纳卡粗邦尼
编织方法… **p.11**

5
6

编织方法

5

图案… **p.10**

毛线

和麻纳卡粗邦尼

芥末黄色（491）16g、原白色（442）10g（各1团）

针

钩针8/0号

成品尺寸

直径16.5cm（不包括线圈）

编织要点

- 原白色毛线环形起针，钩织1行后休针。
- 芥末黄色毛线钩织2~5行。
- 接着使用休针处的原白色毛线，自花样的上侧继续锁针、引拔针编织。接着在外侧分别是短针、引拔针、短针、引拔针、锁针，钩织花瓣。记得在图示位置钩织线圈。

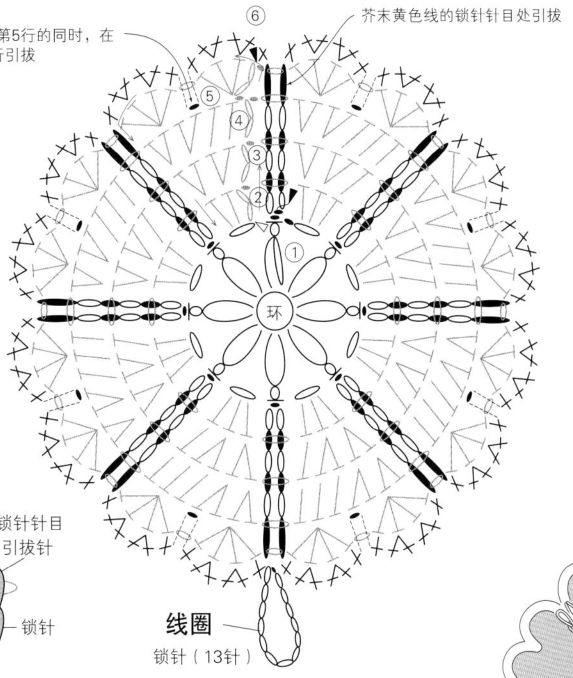

⑥
芥末黄色线的锁针针目处引拔
包卷第5行的同时，在第4行引拔
⑤
④
③
②
①
环
线圈
锁针（13针）

▷ = 加线
▶ = 剪线

配色 { ——— =原白色 / ······ =芥末黄色

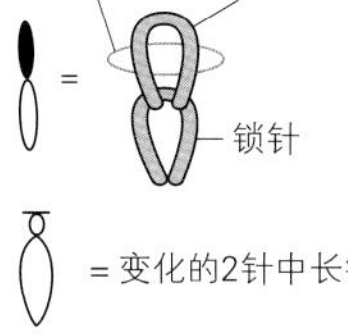

芥末黄色线的锁针针目
引拔针
锁针
= 变化的2针中长针的枣形针

成品图

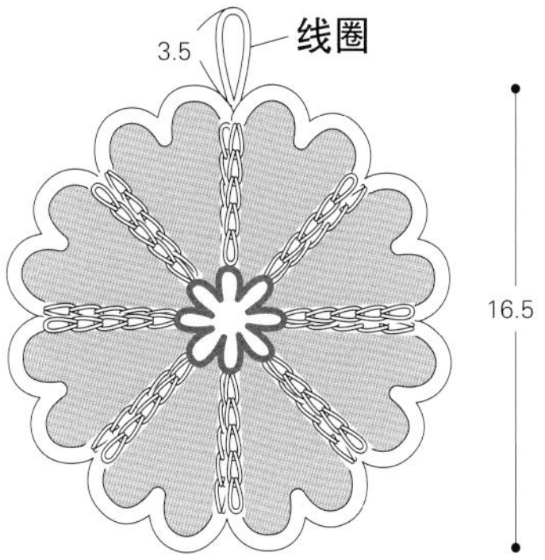

线圈
3.5
16.5

编织方法

6

图案… **p.10**

毛线

和麻纳卡粗邦尼

深米色（418）13g、黑灰色（613）10g（各1团）

针

钩针8/0号

成品尺寸

直径16.5cm（不包括线圈）

编织要点

- 黑灰色毛线环形起针钩织2行后休针。
- 深米色毛线钩织3~5行。
- 接着使用休针处的黑灰色毛线，自花样的上侧继续锁针、引拔针编织。接着在外侧分别是短针、引拔针、短针、引拔针、锁针，钩织花瓣。记得在图示位置钩织线圈。

⑥
在深米色线的锁针针目处引拔
⑤
④
③
②
①
环
线圈
锁针（13针）

▷ = 加线
▶ = 剪线

配色 { ——— =黑灰色 / ······ =深米色

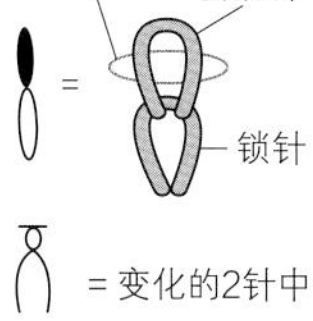

深米色线的锁针针目
引拔针
锁针
= 变化的2针中长针的枣形针

成品图

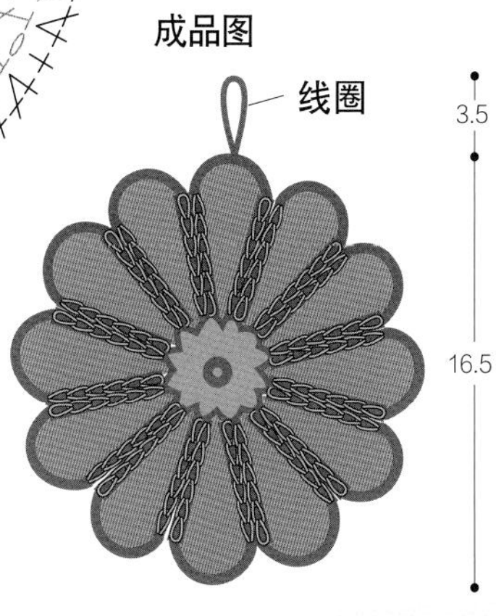

线圈
3.5
16.5

Chapter
2
北欧风

设计风格简单时尚，可以
长期使用，绝对是你的好帮手。

7
8

7、8

作品7是从中间开始，分别向上、下侧钩织的正方形百洁布。
作品8是用外钩长针2针交叉方法钩织花篮图样的百洁布。简单别致的配色风格看起来很酷！

设计……blanco
毛线……和麻纳卡粗邦尼
编织方法……**p.14**

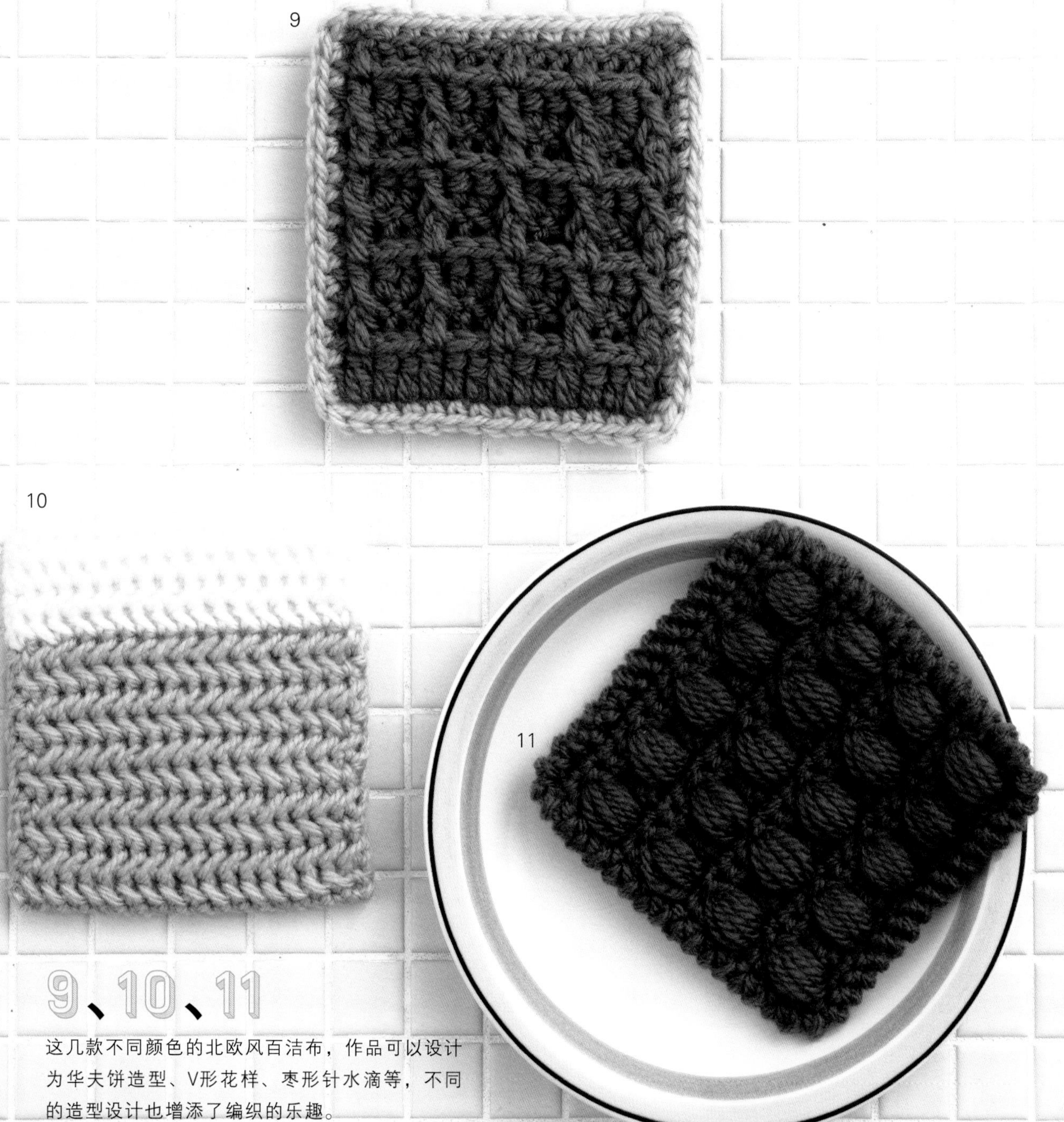
9
10
11

9、10、11

这几款不同颜色的北欧风百洁布，作品可以设计为华夫饼造型、V形花样、枣形针水滴等，不同的造型设计也增添了编织的乐趣。

设计… blanco
毛线… 和麻纳卡粗邦尼
编织方法… 9、11/**p.15**　10/**p.50**

编织方法

7

图案… **p.12**

毛线

和麻纳卡粗邦尼

自然黑灰色（617）、原白色（442）各12g（各1团）

针

钩针8/0号

成品尺寸

12cm×12cm

编织要点

● 钩织21针锁针起针，编织上方的三角形。

● 换不同颜色的毛线，自锁针起针处挑织，编织下方的三角形。

● 再编织一片相同的织片，将2片织片正面朝外对齐，使用与织片颜色相同的毛线从四周缝合在一起。

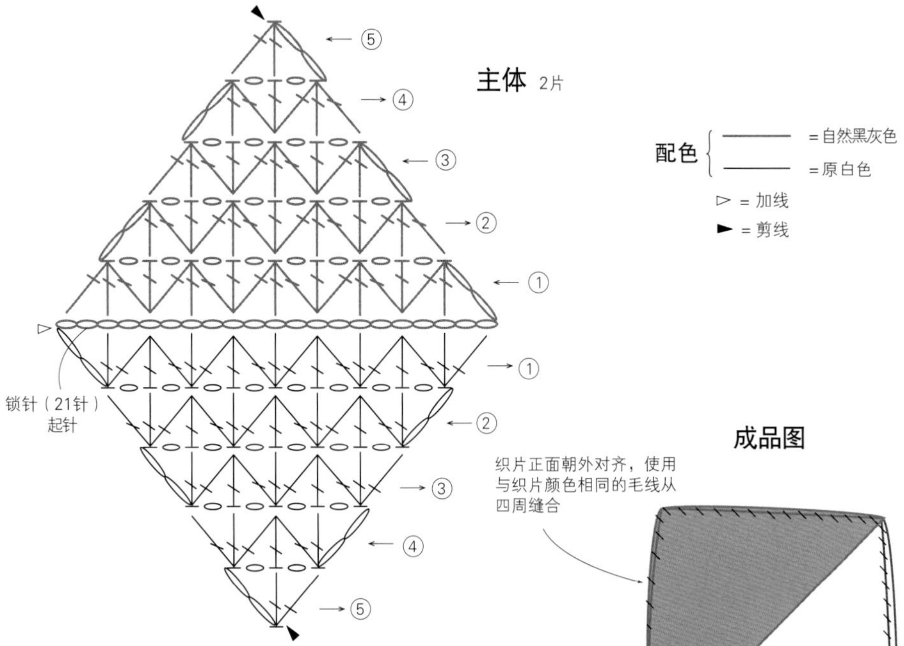

主体 2片
⑤
④
③
②
①
锁针（21针）起针
①
②
③
④
⑤
配色 = 自然黑灰色
= 原白色
▷ = 加线
► = 剪线

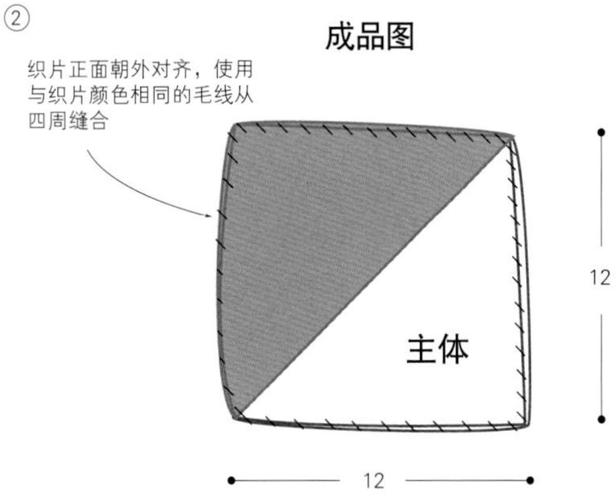

成品图
织片正面朝外对齐，使用与织片颜色相同的毛线从四周缝合
主体
12
12

编织方法

8

图案… **p.12**

毛线

和麻纳卡粗邦尼

自然灰色（616）30g、蓝灰色（610）10g（各1团）

针

钩针8/0号

成品尺寸

10.5cm×13cm

编织要点

● 钩织32针锁针起针，连成环形。

● 钩织8行花样（筒状）。

● 把筒状织片压扁，变成上、下2层。对齐针目。把上侧的2层织片一起挑起，短针收边钩织。下侧也同样处理。

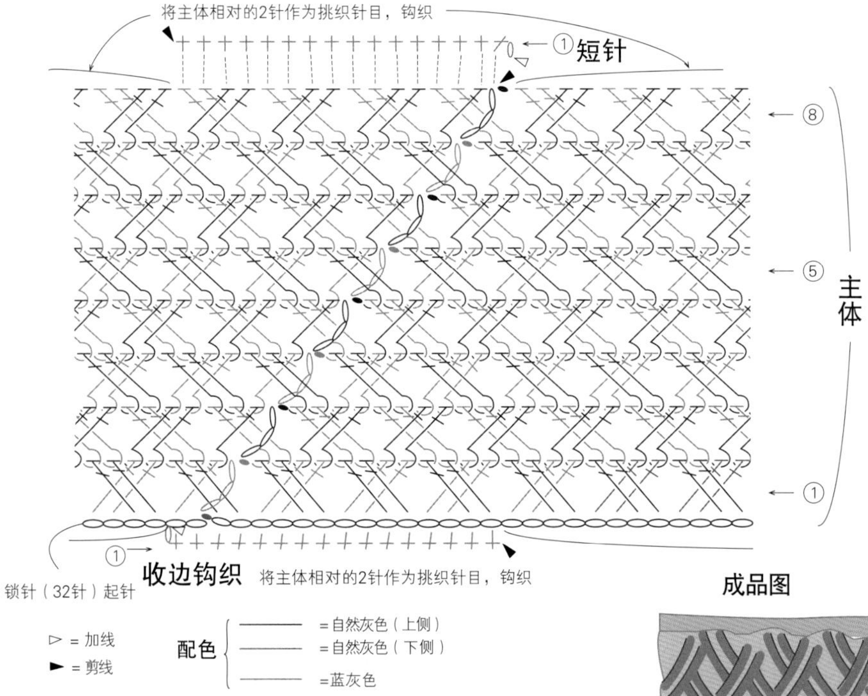

将主体相对的2针作为挑织针目，钩织
① 短针
⑧
⑤
①
主体
① 收边钩织 将主体相对的2针作为挑织针目，钩织
锁针（32针）起针
▷ = 加线
► = 剪线
配色 = 自然灰色（上侧）
= 自然灰色（下侧）
= 蓝灰色

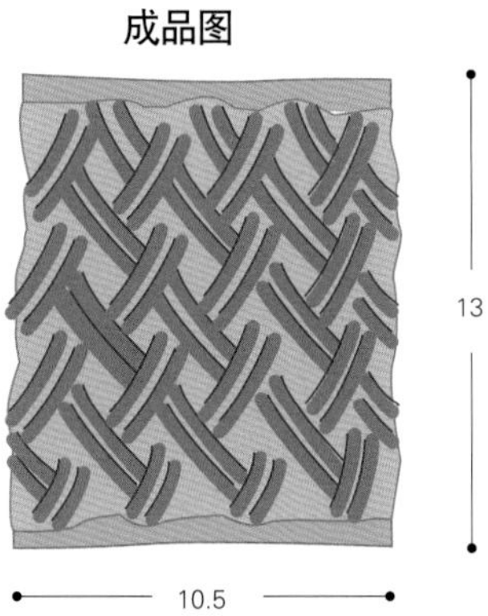

成品图
13
10.5

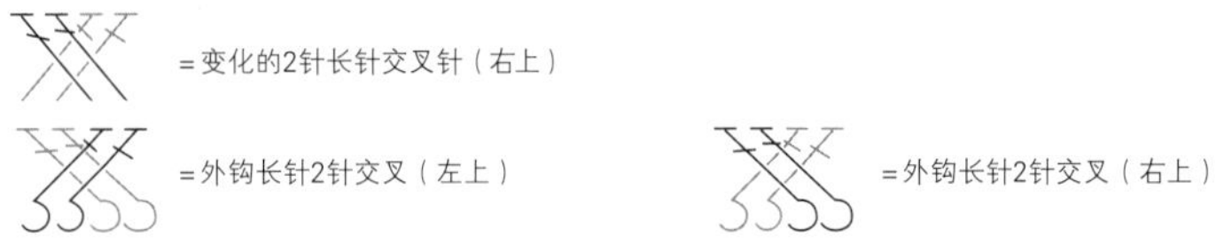

= 变化的2针长针交叉针（右上）
= 外钩长针2针交叉（左上）
= 外钩长针2针交叉（右上）

编织方法

9

图案… p.13

毛线

和麻纳卡粗邦尼

深灰色（481）25g、灰色（486）3g（各1团）

针

钩针8/0号

成品尺寸

13cm×13cm

编织要点

- 钩织15针锁针起针，编织2片主体。
- 主体的外侧对齐，挑起2片织片的针目，用短针钩织在一起。

① 短针　2片主体正面朝外对齐，挑起2片织片的针目，一起钩织

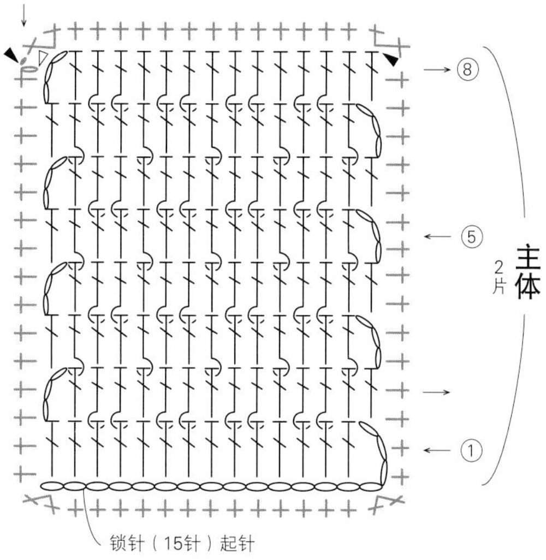

⑧
⑤
①
主体
2片

锁针（15针）起针

= 外钩长针

= 内钩长针（从反面拉线向内钩织）

▷ = 加线

► = 剪线

配色 { ——— =深灰色　——— =灰色 }

成品图

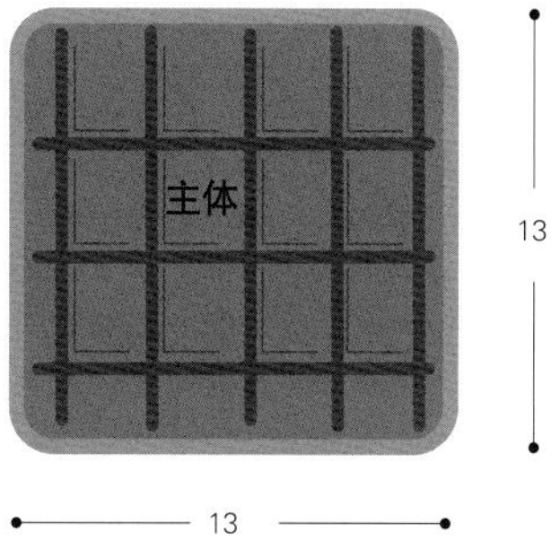

主体
13
13

编织方法

11

图案… p.13

毛线

和麻纳卡粗邦尼

藏青色（610）25g（1团）

针

钩针8/0号

成品尺寸

13cm×13cm

编织要点

- 钩织15针锁针起针，编织主体部分。
- 接着主体四周为收边钩织。

收边钩织

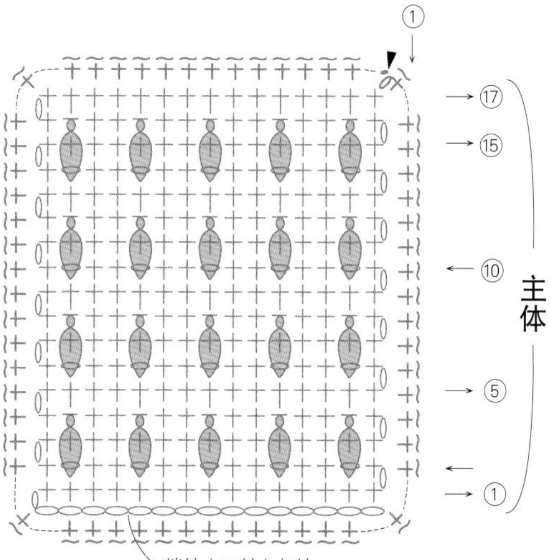

①
⑰
⑮
⑩
⑤
①
主体

锁针（15针）起针

= 变化的5针中长针的枣形针
*钩入第3行下侧的短针编织中（包卷中间的第2行）。

= 反短针

► = 剪线

成品图

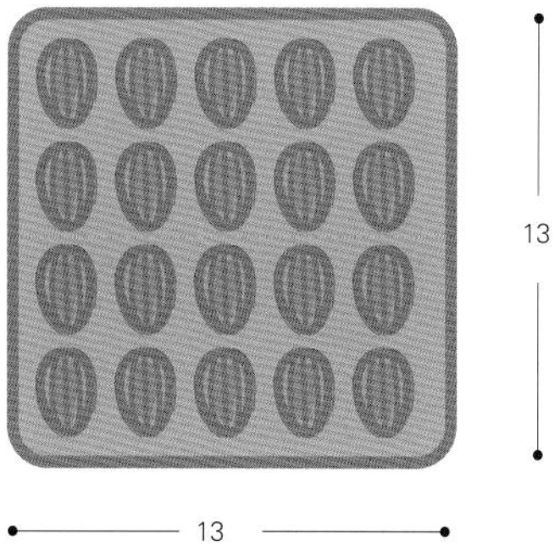

13
13

12

13

12、13

鲜艳的黄绿色、蓝色，是北欧风的色彩符号。搭配原白色线，使这款嵌入小鸟图案和圆形花纹的百洁布显得更加超凡脱俗。

设计…桥本真由子

毛线…和麻纳卡中粗邦尼

编织方法… **p.17**

编织方法

12

图案… **p.16**

毛线

和麻纳卡中粗邦尼
原白色（101）16g、蓝色（118）8g（各1团）

针

钩针5/0号

成品尺寸

15.5cm×16cm（不包括线圈）

编织要点

● 钩织27针锁针起针，如图所示，短针钩织配色花样（横向渡线）。在第25行，用原白色线包卷蓝色线的同时进行钩织。

● 接着四周进行收边钩织。编织终点是钩织21针锁针制作线圈。

成品图

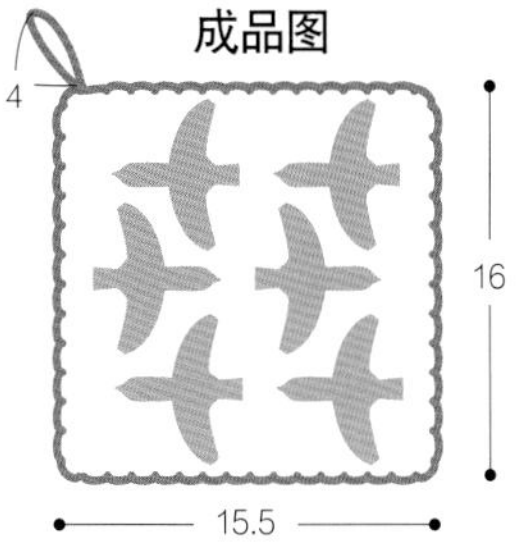

4
16
15.5

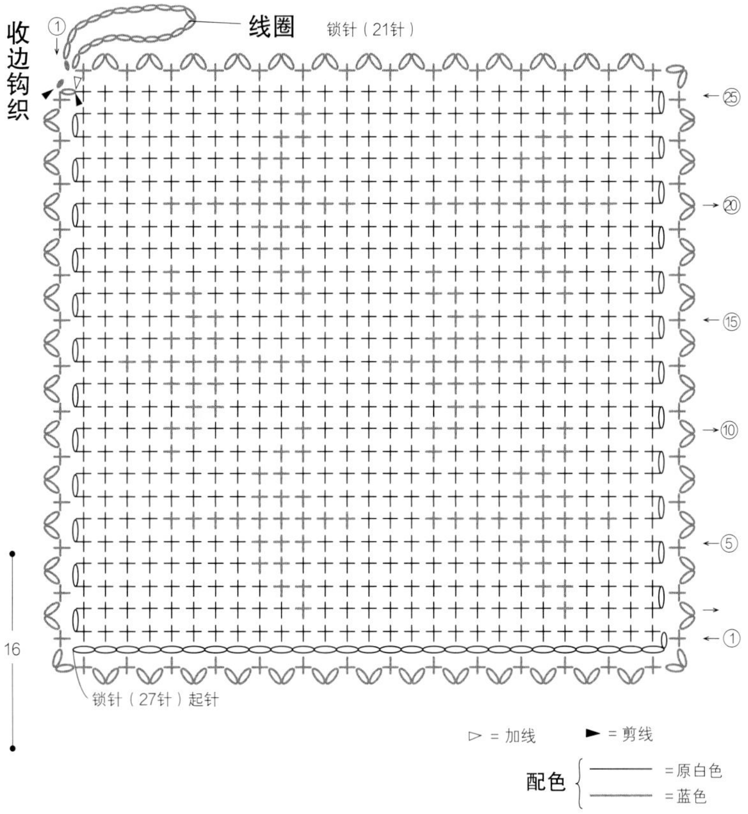

收边钩织
线圈
锁针（21针）
①
25
20
15
10
5
锁针（27针）起针
▷ = 加线
► = 剪线
配色
=原白色
=蓝色

编织方法

13

图案… **p.16**

毛线

和麻纳卡中粗邦尼
黄绿色（124）15g、原白色（101）7g（各1团）

针

钩针5/0号

成品尺寸

16cm×16cm（不包括线圈）

编织要点

● 钩织29针锁针起针，如图所示，短针钩织配色花样，编织25行（横向渡线）。

● 接着在四周进行收边钩织。编织终点是钩织21针锁针制作线圈。

成品图

4
16
16

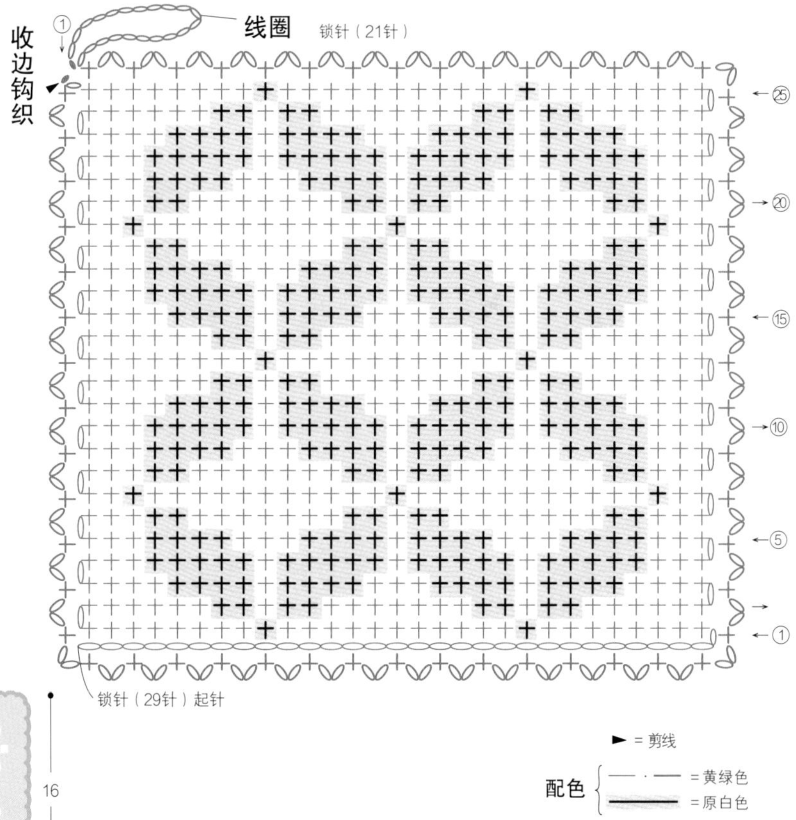

收边钩织
线圈
锁针（21针）
①
25
20
15
10
5
锁针（29针）起针
► = 剪线
配色
=黄绿色
=原白色

Chapter 3 东欧风

杂货店风格的花片当装饰品再合适不过了。此外，张弛有度的颜色搭配，也是这个作品最大的魅力。

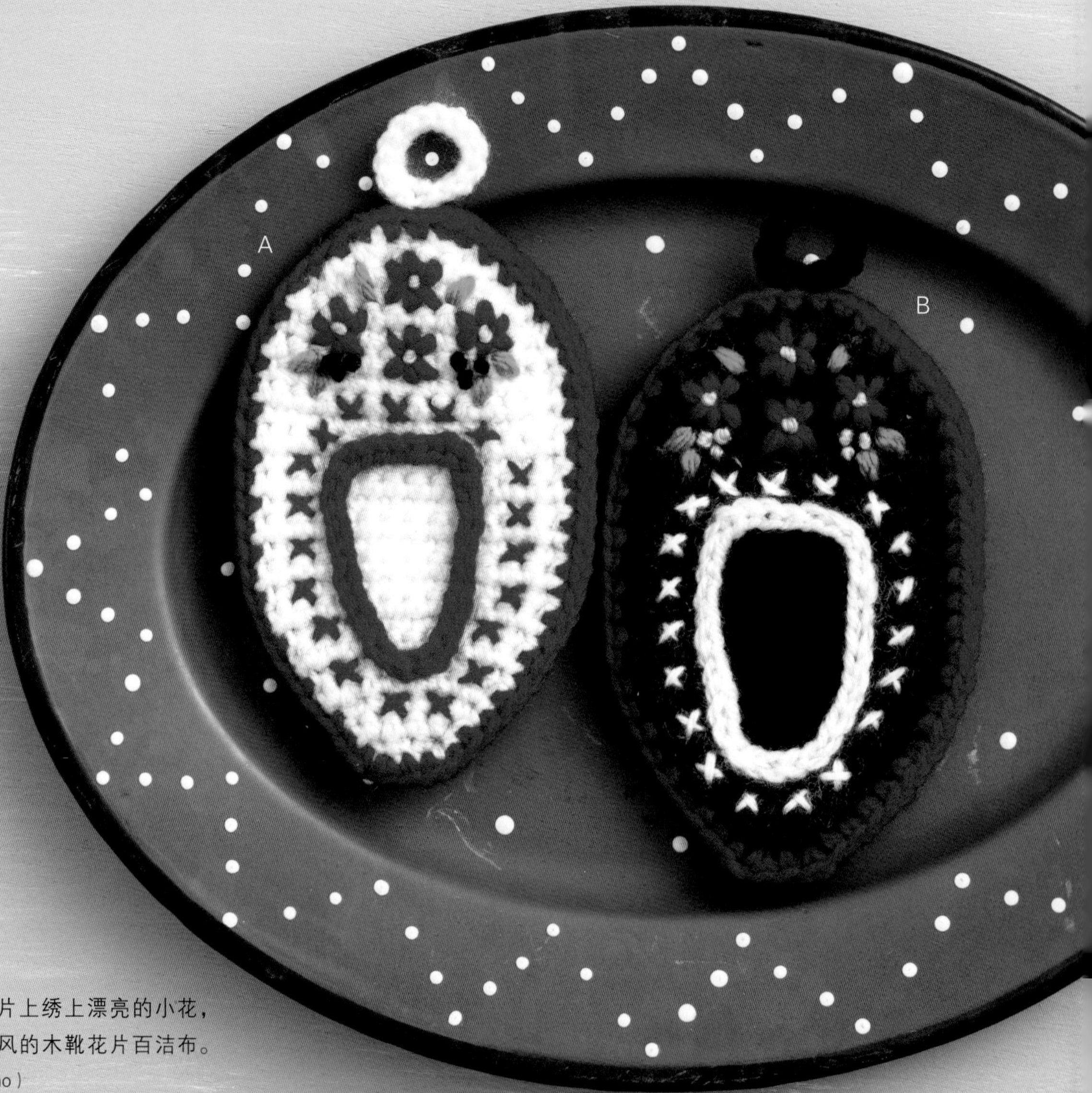
A
B

14

在红色和黑色的织片上绣上漂亮的小花，制作出了这款东欧风的木靴花片百洁布。

设计 … 大野优子（ucono）
毛线 … 和麻纳卡中粗邦尼
编织方法… **p.20**

15

橘色毛线钩织的小鸡形状百洁布。在小鸡半圆形的身体上钩出头部和羽毛，看起来惟妙惟肖，十分可爱。

设计 … 大野优子 (ucono)
毛线 … 和麻纳卡粗邦尼
编织方法… **p.21**

编织方法

14

图案… p.18

毛线

和麻纳卡中粗邦尼

A/原白色（101）16g，红色（133）8g，绿色（115）、黑色（120）、黄色（105）各1g（各1团）

B/黑色（120）16g，红色（133）6g，原白色（101）2g，绿色（115）、黄色（105）各1g（各1团）

针

钩针5/0号

成品尺寸

8.5cm×13cm（不包括线圈）

编织要点

●钩织3针锁针起针，如图所示钩织主体部分，接着更换毛线颜色，四周钩织短针。按照相同的方法再制作1片。

●靴口处钩织32针锁针，在指定位置，用2根分色线缝合到一起。

●刺绣的部分使用的是2根指定颜色的分色线。

●主体正面朝外对齐，使用红色线，卷针缝合四周。

●钩织线圈，连成环形与主体缝合。

成品图

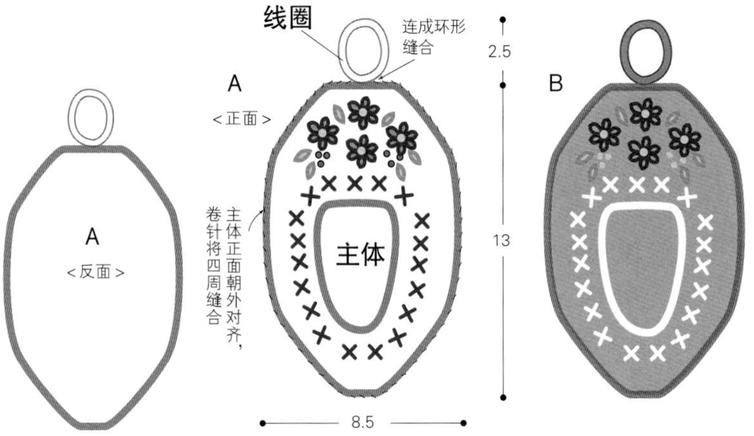

线圈
连成环形
缝合
A
<正面>
A
<反面>
主体正面朝外对齐，卷针将四周缝合
主体
B
2.5
13
8.5

▷ = 加线

◀ = 剪线

配色 { —— =原白色／黑色（A／B）；—— =红色／红色

主体 2片

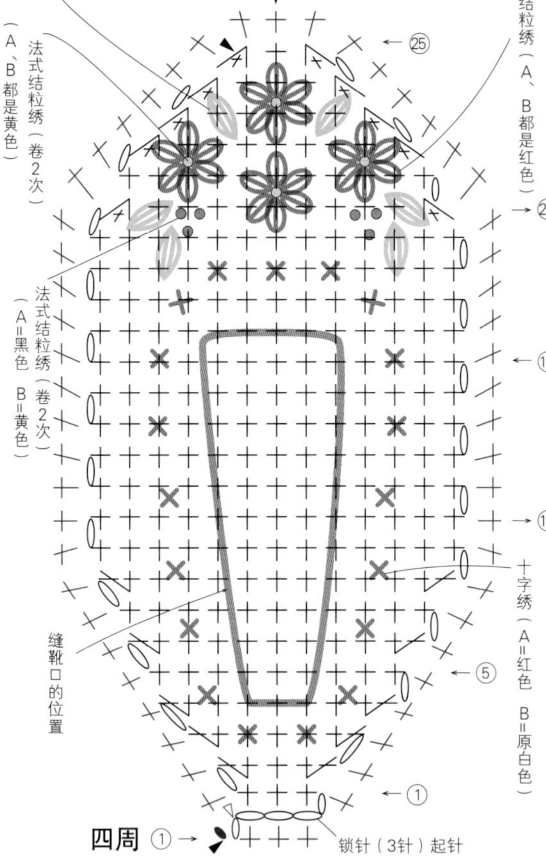

直线绣（A、B都是绿色）
缝线圈的位置
法式结粒绣（A、B都是红色）
法式结粒绣（A、B都是黄色）（卷2次）
法式结粒绣（A=黑色 B=黄色）（卷2次）
十字绣（A=红色 B=原白色）
缝靴口的位置
25
20
15
10
5
1
四周 ①
锁针（3针）起针

*只有正面需要刺绣和缝靴口。

*刺绣使用2根分色线。

直线绣

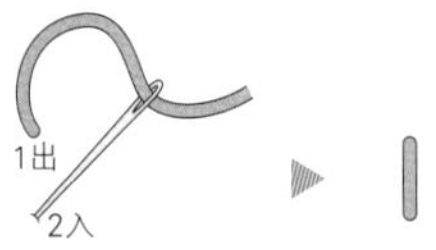

1出
2入

法式结粒绣（卷2次）

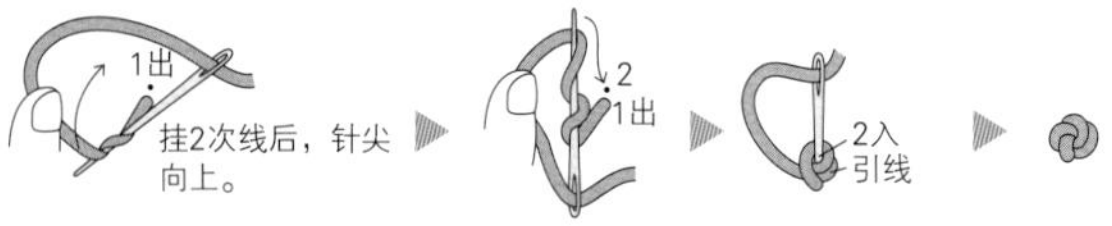

1出
挂2次线后，针尖向上。
2
1出
2入
引线

十字绣

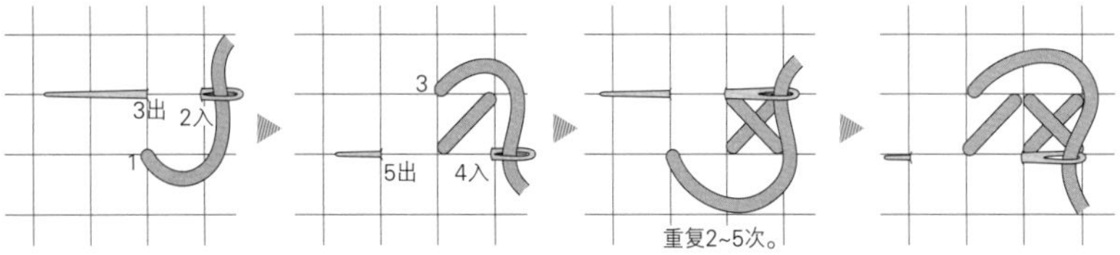

3出
2入
1
3
5出
4入
重复2~5次。

靴口 A=红色 B=原白色

锁针（32针）起针

线圈 A=原白色 B=黑色

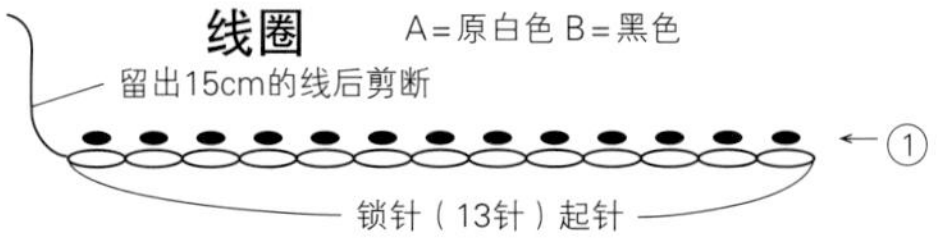

留出15cm的线后剪断
1
锁针（13针）起针

编织方法

15

图案… **p.19**

毛线

和麻纳卡粗邦尼

蓝青色（603）9g、原白色（442）6g、橘色（434）5g、群青色（473）4g（各1团）

针

钩针7/0号

成品尺寸

14cm×14.5cm（不包括线圈）

编织要点

- 身体部分的花片是环形起针后，如图所示，在更换毛线的同时呈半圆形钩织。
- 颈部和头部是在身体的指定位置挑针，如图所示，第3行是短针条纹针，此外均是短针编织。
- 鸡冠、嘴巴分别钩织在头部和颈部。
- 尾部是在身体的指定位置挑针，如图所示钩织。
- 颈圈和羽毛下围分别编织2片，参照成品图缝到身体上。
- 钩织线圈并缝成环形。最后用直线绣制作眼睛即可。

成品图

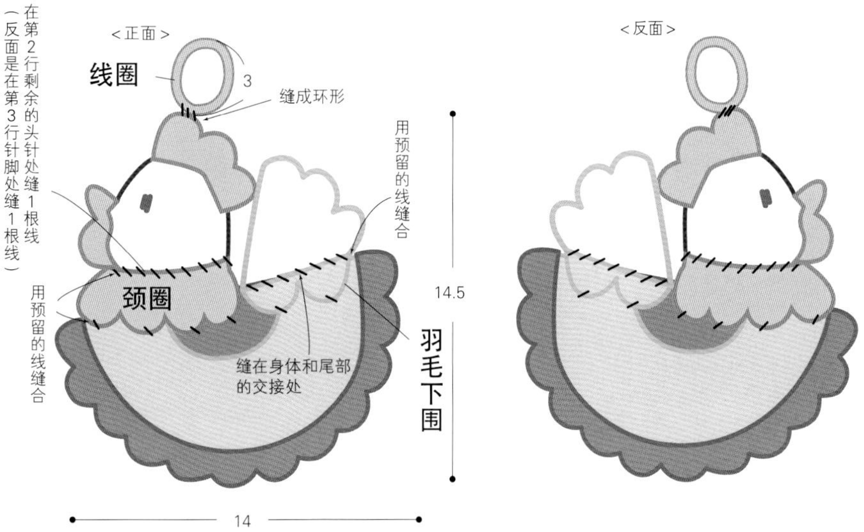

<正面>
<反面>
线圈
3
缝成环形
（在第2行剩余的头针处缝1根线（反面是在第3行针脚处缝1根线））
用预留的线缝合
颈圈
用预留的线缝合
缝在身体和尾部的交接处
羽毛下围
14.5
14

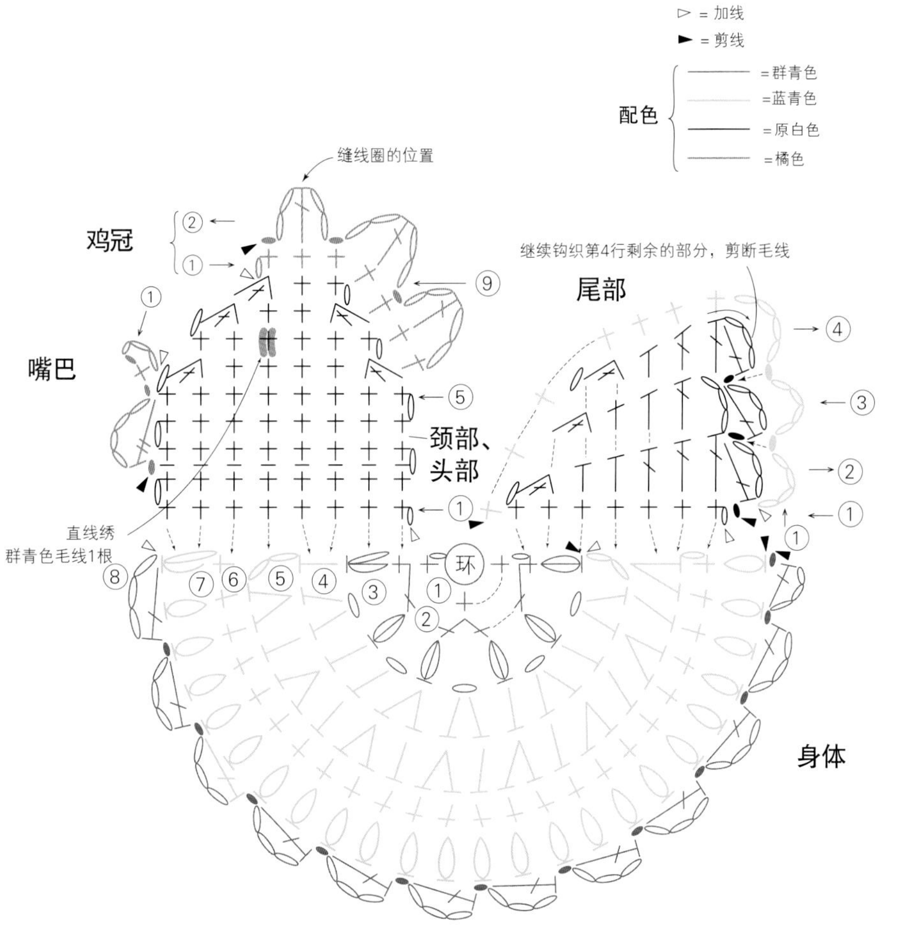

▷ = 加线
► = 剪线
配色
=群青色
=蓝青色
=原白色
=橘色
缝线圈的位置
鸡冠
继续钩织第4行剩余的部分，剪断毛线
尾部
嘴巴
颈部、头部
直线绣
群青色毛线1根
环
身体

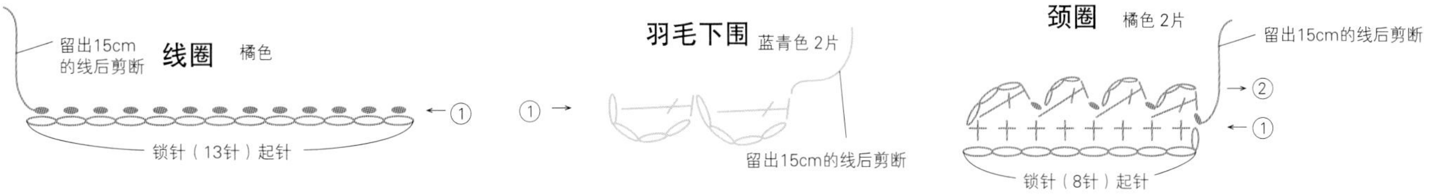

留出15cm的线后剪断
线圈 橘色
锁针（13针）起针
羽毛下围 蓝青色 2片
留出15cm的线后剪断
颈圈 橘色 2片
留出15cm的线后剪断
锁针（8针）起针

A
B

16

展示东欧风格街道上的小房子。用卷针将屋顶与主体部分缝在一起。

设计 … 大野优子（ucono）
毛线 … 和麻纳卡粗邦尼
编织方法… **p.24**

A
B

17

作品就像是童话故事中出现的彩色蘑菇。用短针配色方法钩织蘑菇伞上的小水滴。

设计 … 大野优子（ucono）
毛线 … 和麻纳卡粗邦尼
编织方法… **p.25**

A
B
18

18、19

苹果和蕾丝花朵形状的百洁布。
迷你的小桌布风格设计，当成装饰品也非常可爱。

设计 … 大野优子（ucono）
毛线 … 和麻纳卡中粗邦尼
编织方法… 18/**p.51**　19/**p.52**

A
B
19

编织方法

16

图案… p.22

毛线

和麻纳卡粗邦尼

A/米黄色（406）7g，蓝灰色（620）5g，浅黄色（478）、茶色（483）各2g（各1团）

B/米黄色（406）7g，抹茶色（493）5g，浅黄色（478）、茶色（483）各2g（各1团）

针

钩针7/0号

成品尺寸

12cm×13.5cm（不包括线圈）

编织要点

- 主体部分钩织10针锁针起针，按照短针配色花样（横向渡线）方法钩织15行。
- 主体的3条边均是短针编织。
- 屋顶部分是钩织21针锁针起针，如图所示钩织3行。
- 用卷针将主体和屋顶缝合到一起。
- 使用茶色毛线在主体上刺绣。
- 钩织环形线圈，缝在屋顶上。

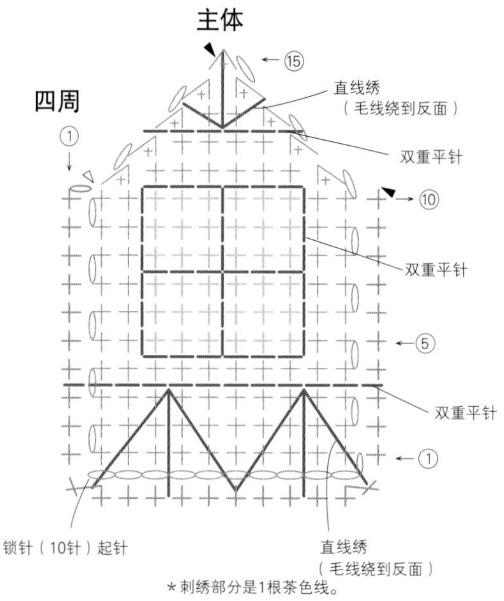

主体
四周
⑮
直线绣
（毛线绕到反面）
双重平针
①
⑩
双重平针
⑤
双重平针
①
锁针（10针）起针
直线绣
（毛线绕到反面）
＊刺绣部分是1根茶色线。

▷ = 加线

▶ = 剪线

配色 A / B
- =米黄色 / 米黄色
- =浅黄色 / 浅黄色
- =蓝灰色 / 抹茶色

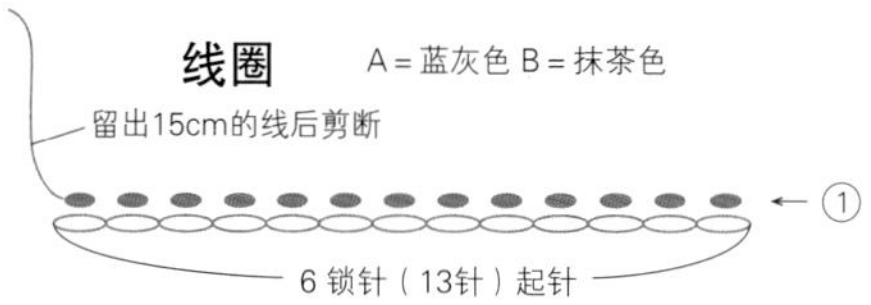

线圈
A＝蓝灰色 B＝抹茶色
留出15cm的线后剪断
①
6 锁针（13针）起针

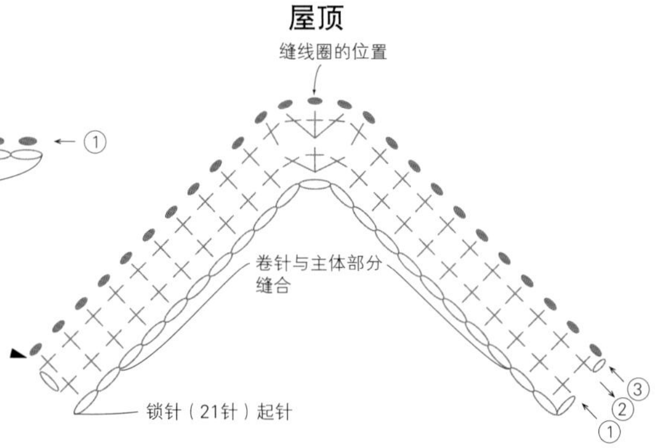

屋顶
缝线圈的位置
卷针与主体部分缝合
锁针（21针）起针
③
②
①

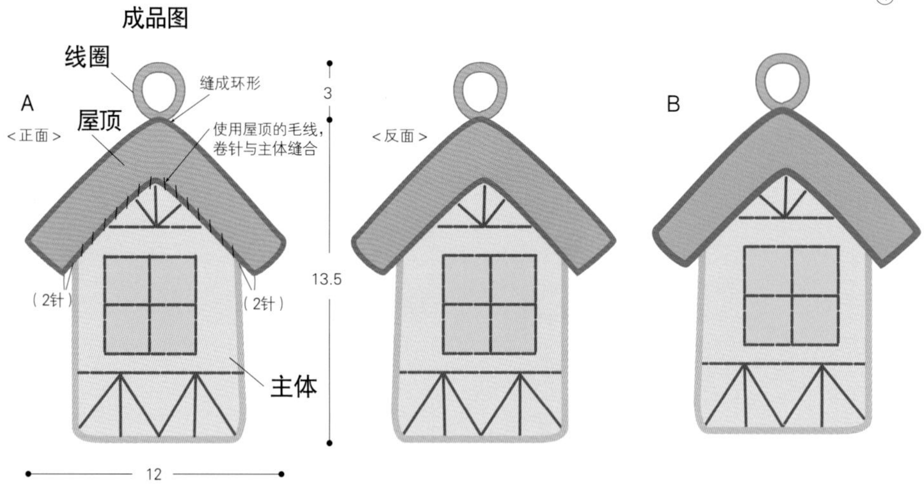

成品图
线圈
缝成环形
A
＜正面＞
屋顶
使用屋顶的毛线，卷针与主体缝合
3
＜反面＞
B
13.5
（2针）
（2针）
主体
12

双重平针

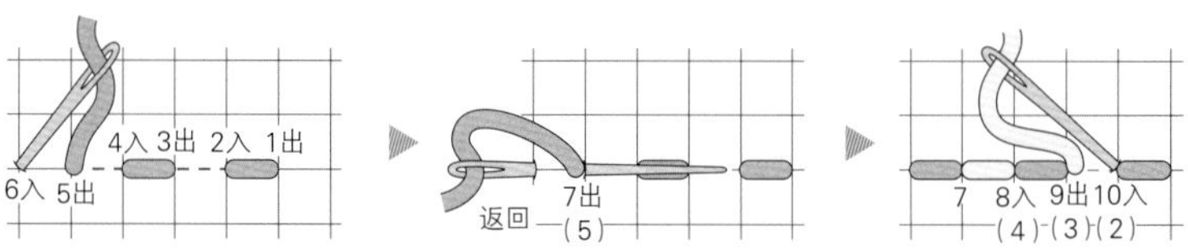

4入 3出 2入 1出
6入 5出
返回
7出
（5）
7 8入 9出 10入
（4）（3）（2）

编织方法

17

图案… p.22

毛线

和麻纳卡粗邦尼

A/草绿色（602）9g、原白色（442）5g（各1团）

B/朱红色（429）9g、原白色（442）5g（各1团）

针

钩针7/0号

成品尺寸

11cm×12.5cm（不包括线圈）

编织要点

- 蘑菇伞是钩织15针锁针起针，然后按照短针配色花样（横向渡线）方法钩织11行。边缘用短针钩织。
- 蘑菇柄使用原白色线，在图中所示位置，从蘑菇伞的位置挑起针目后钩织7行。
- 蘑菇柄周围是短针编织。
- 钩织线圈，连成环形与主体缝在一起。

成品图

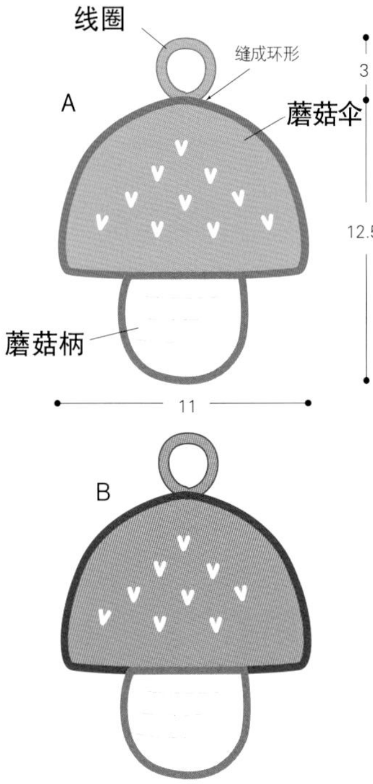
线圈
缝成环形
A
蘑菇伞
3
12.5
蘑菇柄
11
B

▷ = 加线

▶ = 剪线

配色 A / B
—— · —— = 草绿色 / 朱红色
—— · —— = 原白色 / 原白色

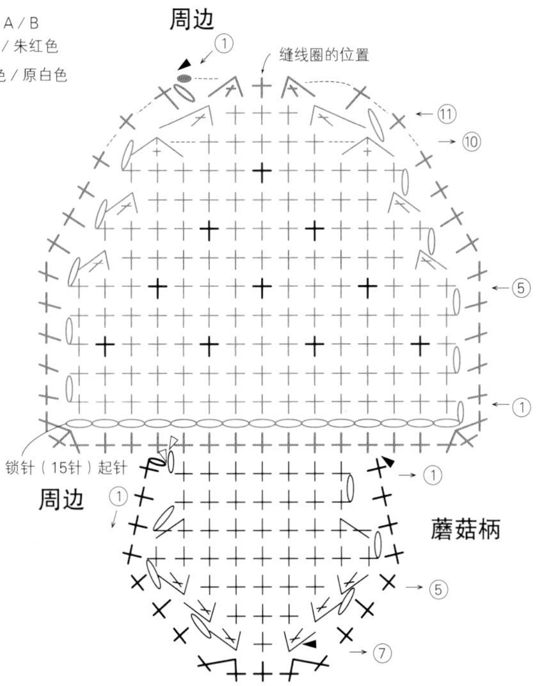
蘑菇伞
周边
①
缝线圈的位置
⑪
⑩
⑤
①
锁针（15针）起针
周边
①
①
蘑菇柄
⑤
⑦

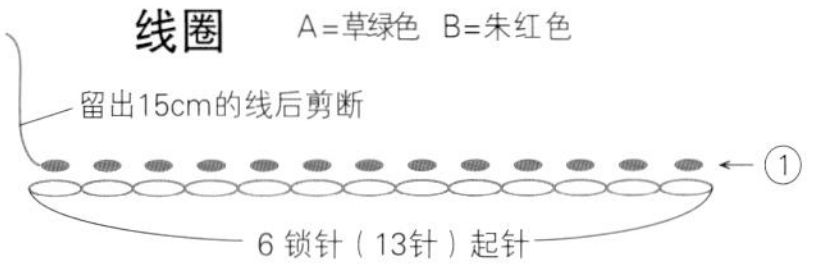
线圈 A=草绿色 B=朱红色
留出15cm的线后剪断
①
6 锁针（13针）起针

39 指环（p.49）

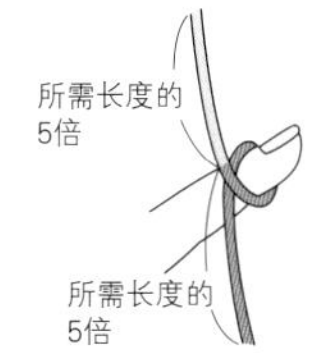
所需长度的5倍
所需长度的5倍

1 准备毛线，长度约是钩织作品所需的10倍，毛线的中间位置在左手的食指上绕出一个线环。

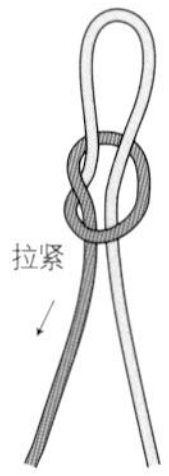
拉紧

2 毛线从线环中拉出，做出线圈，同时拉紧打结的线。

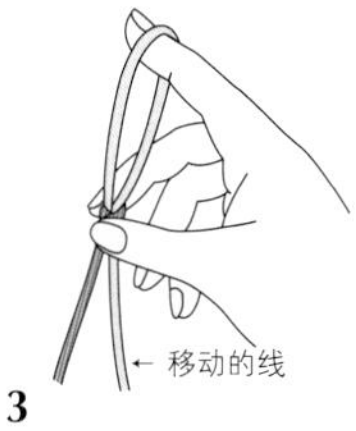
移动的线

3 右手食指放入线圈中，同时捏住打结的位置。

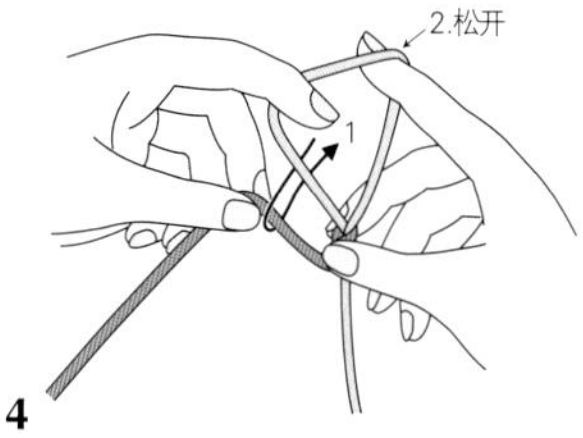
2.松开
1

4 左手握左侧的线，左手的食指放入线圈的中上侧，把线撑开。松开右手的线。

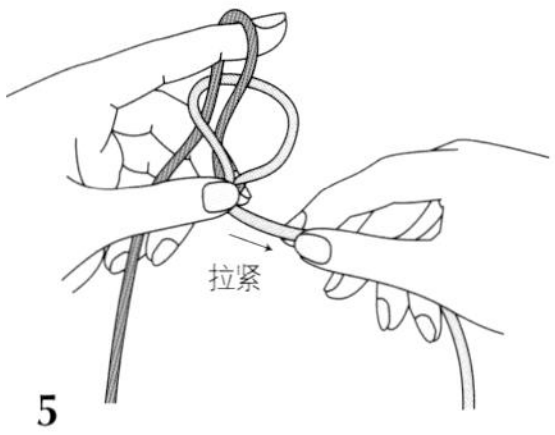
拉紧

5 换左手捏住打结的位置，右手拉紧右侧的线。

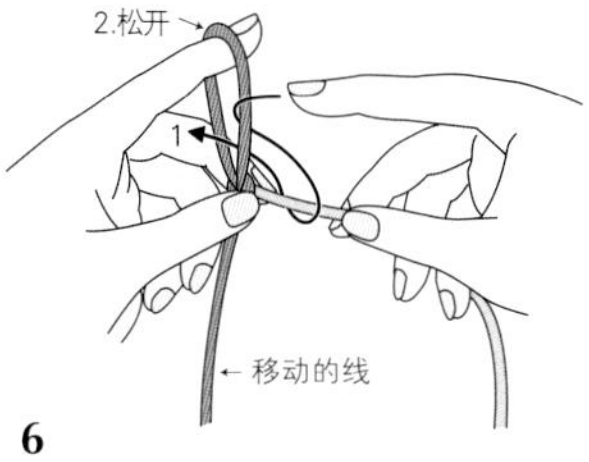
2.松开
1
移动的线

6 右手食指放入线圈的中上侧，撑开右侧的线。松开左手的线。

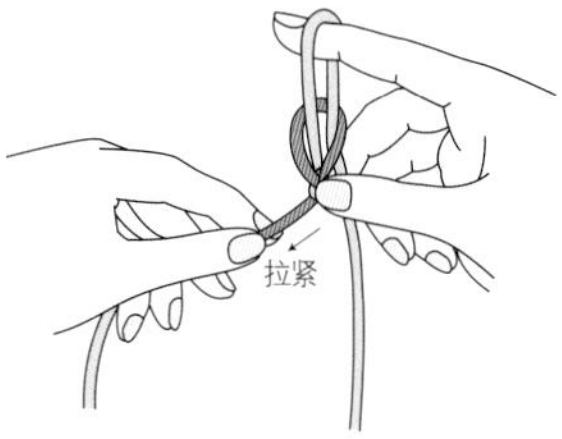
拉紧

7 换右手捏住打结的位置，左手拉住左侧的线。

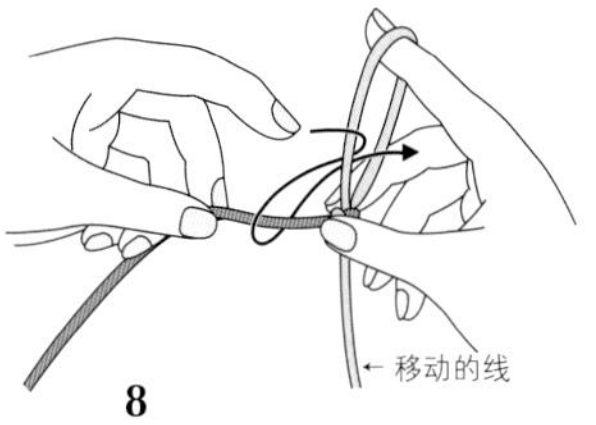
移动的线

8 重复步骤4~7。

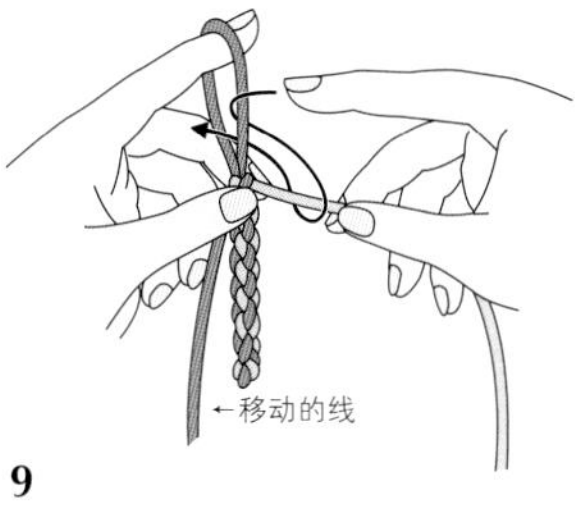
移动的线

9 钩织的同时确认松紧程度。

Chapter 4 复古风

这些百洁布不论是钩织还是使用，
都让人感觉非常高兴。
在钩织这些百洁布的过程中，
我们还运用了一些有趣的小技巧。

20

连续编织的卷曲小玫瑰花样是这一作品的亮点和魅力所在。筒状的设计，使用的时候手可以很容易地放进去。

设计 … 金子祥子
毛线 … 和麻纳卡粗邦尼
编织方法… **p.28**

B
A

A

B

21

把长针钩织的4种不同颜色的长方形织片拼接在一起，看起来就像拼图一样。

设计……桥本真由子

毛线……和麻纳卡粗邦尼

编织方法……**p.29**

编织方法

20

图案…p.26

毛线

和麻纳卡粗邦尼

A/焦茶色（419）21g、深粉色（474）8.5g、抹茶色（493）4.5g（各1团）

B/蓝灰色（610）21g、胭脂红色（450）8.5g、抹茶色（493）4.5g（各1团）

针

钩针7/0号

成品尺寸

12cm×11.5cm（不包括线圈）

编织要点

●钩织38针锁针起针，连成环形。如图所示，更换毛线同时钩织14行。

●接着，看着织片反面的状态进行引拔针编织，锁针钩织线圈。

●编织起点也是看着织片反面的状态，钩织1行引拔针。

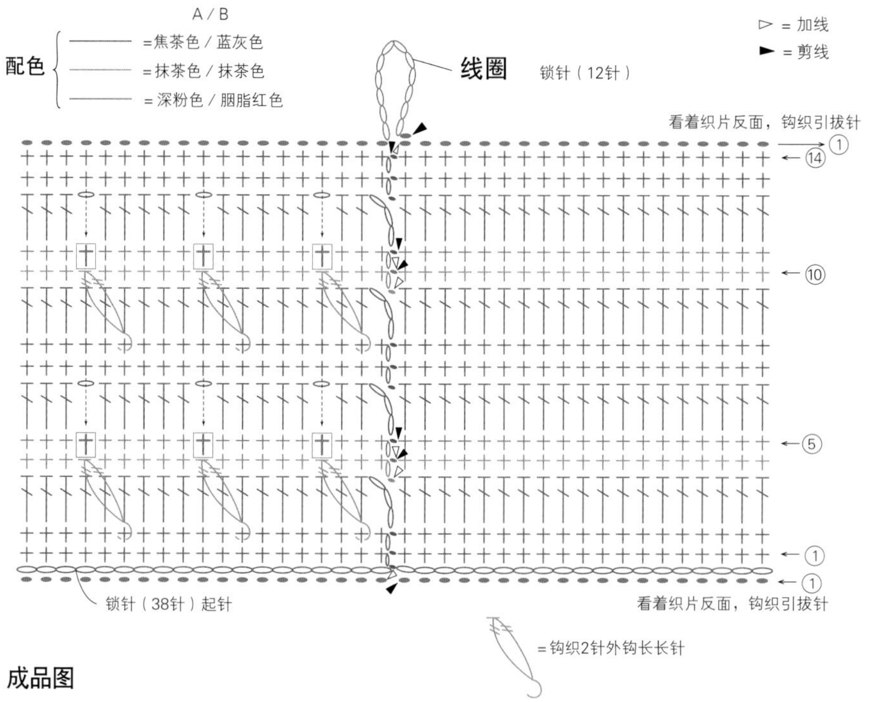

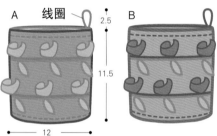

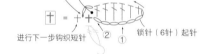

A / B
配色
=焦茶色 / 蓝灰色
=抹茶色 / 抹茶色
= 深粉色 / 胭脂红色
线圈
锁针（12针）
= 加线
= 剪线
看着织片反面，钩织引拔针
①
⑭
⑩
⑤
①
①
锁针（38针）起针
看着织片反面，钩织引拔针
= 钩织2针外钩长长针
6针锁针从短针编织一侧卷起，按照①、②的顺序挑起锁针，短针处按照引拔狗牙针的方法进行引拔
嵌入第7行、第13行短针编织的位置
进行下一步钩织短针
②
①
锁针（6针）起针

成品图

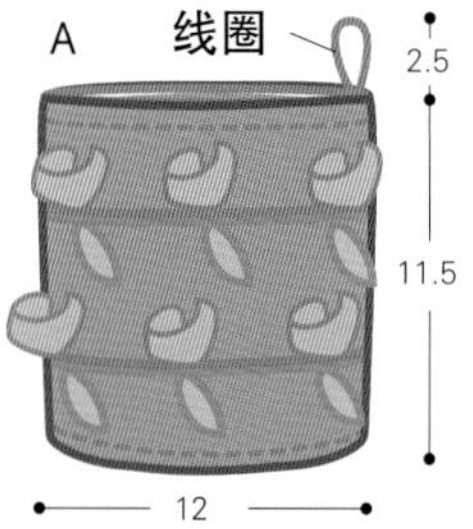

A
线圈
B
2.5
11.5
12

玫瑰编织方法

将细长形状的花瓣卷起来，
就变成了小小的玫瑰花。
其中的一个技巧是从第2行开始，
在钩织的同时要将花瓣固定。

※使用A作品的毛线钩织。

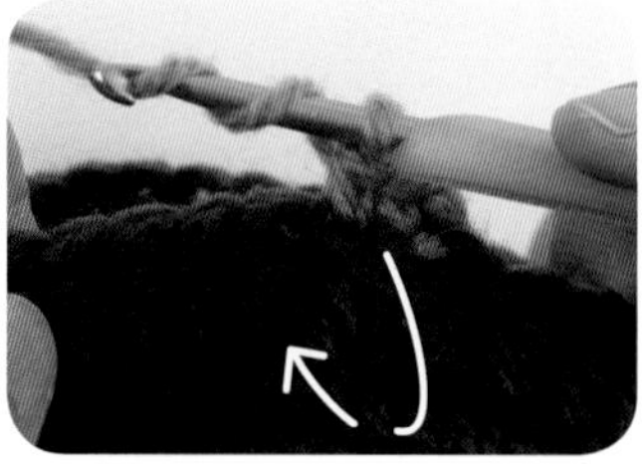

1 第4行换为抹茶色线，钩织3针短针，挑起上上行指定针目的针脚。

2 外钩长长针2针的枣形针开始钩织叶子。接着在编织图的指定位置编织叶子。

6针

3 第5行换成深粉色线，钩织4针短针后，继续钩织6针锁针。

4 立织1针锁针，挑起锁针的针目，如图所示编织花瓣。

5 继续钩织2针锁针，按照花瓣锁针第4针、第1针的顺序挑起锁针的半针，在短针钩织织片的头部半针和针脚处入针。

6 钩针挂线引拔，开始钩织第1朵玫瑰。接着在编织图的指定位置继续编织玫瑰。

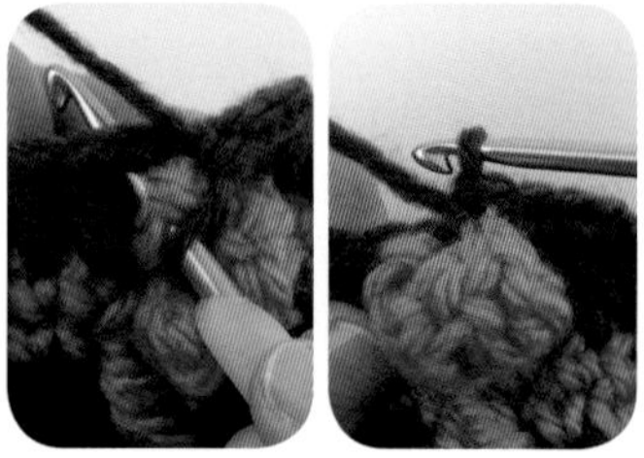

7 第6行换成焦茶色线。第7行的第4针是将上上行玫瑰锁针针目和上一行成束挑起后钩织短针，固定花瓣。

编织方法

21

图案… p.27

毛线

和麻纳卡粗邦尼

A/胭脂红色（450）、芥末黄色（491）、草绿色（602）、米白色（417）各6g，原白色（442）3g（各1团）

B/孔雀蓝色（608）、深灰色（481）、深橘色（414）、原白色（442）各6g，浅茶色（480）3g（各1团）

针

钩针8/0号

成品尺寸

14.5cm×14.5cm

编织要点

- 钩织30针锁针起针，钩织花片，每种颜色各1片（合计4片）。编织起点和编织终点分别预留出15cm的线。
- 如图所示，将花片组合在一起，用编织起点和编织终点预留的线将织片钉缝在一起，成一个圆。
- 四周是短针编织。

织片

A＝胭脂红色、芥末黄色、草绿色、米白色 各1片

B＝孔雀蓝色、深灰色、深橘色、原白色 各1片

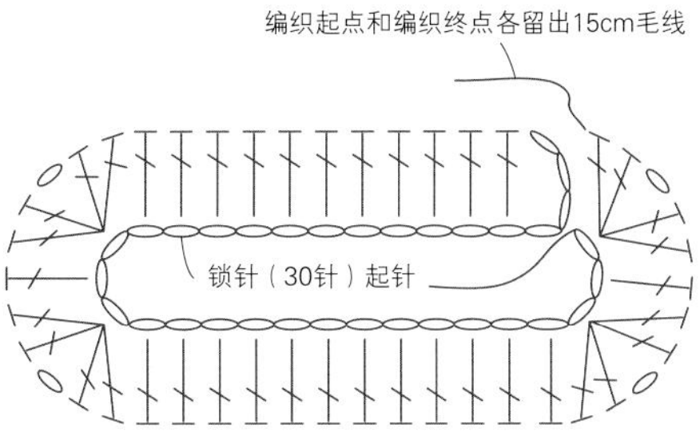
编织起点和编织终点各留出15cm毛线
锁针（30针）起针

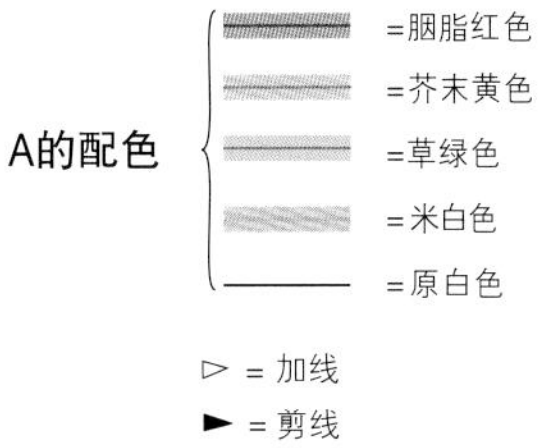
A的配色
=胭脂红色
=芥末黄色
=草绿色
=米白色
=原白色
= 加线
= 剪线

A织片的设计和收边钩织

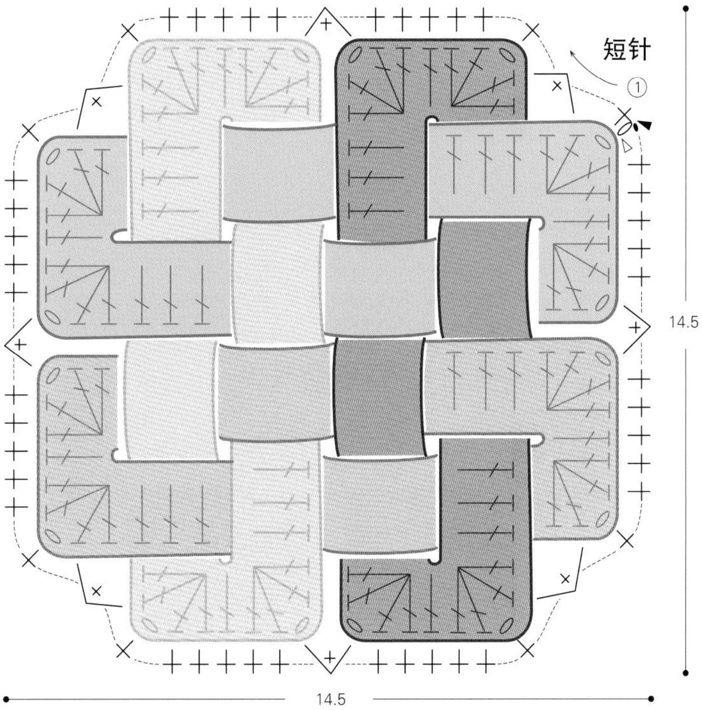
短针
①
14.5
14.5

❶ 按照设计图，将织片组合在一起。
❷ 将织片的编织起点和编织终点缝在一起。
❸ 钩织短针。

B的织片的配置

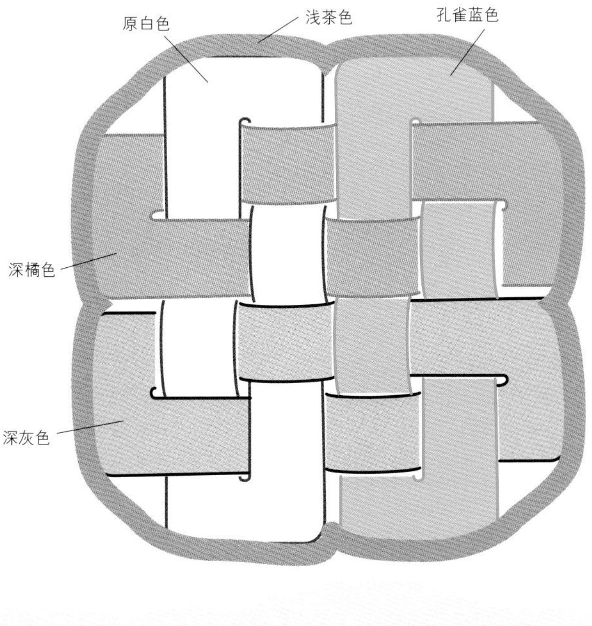
原白色
浅茶色
孔雀蓝色
深橘色
深灰色

织片的编织起点和编织终点的连接方法

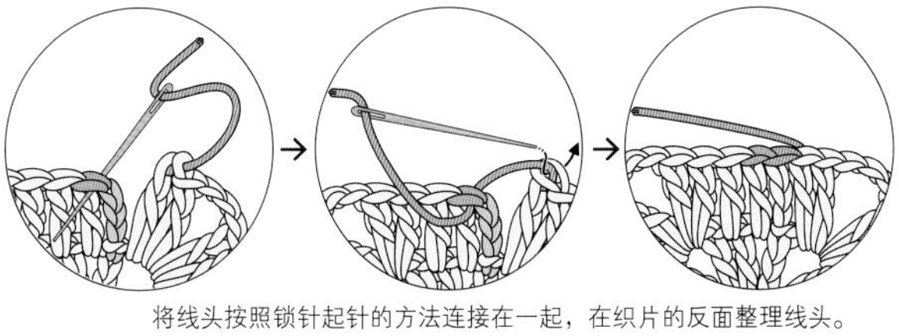

将线头按照锁针起针的方法连接在一起，在织片的反面整理线头。

22

作品的亮点就是卷曲的花瓣。小花朵的设计，非常适合清洁狭小的地方。编织的时候还可以将大、小花瓣重合在一起，营造出立体的视觉效果。

设计…金子祥子
毛线…和麻纳卡粗邦尼
编织方法…**p.31**

编织方法

22

图案… p.30

毛线

和麻纳卡粗邦尼

小/灰粉色（489）5g、芥末黄色（491）1.5g（各1团）

大/玫瑰粉色（464）13g、芥末黄色（491）6g、灰粉色（489）5g（各1团）

针

钩针7/0号

成品尺寸

小 / 直径7cm（不包括线圈）

大 / 直径13.5cm（不包括线圈）

编织要点

小花

- 环形起针，花芯钩织2行。
- 如图所示，接着花芯部分，用中长针钩织花瓣。

大花

- 环形起针，花芯钩织4行。
- 如图所示，接着花芯部分，用长针钩织花瓣。
- 小花没有线圈，大花用编织起点的线头与花芯缝合在一起。

大花花芯

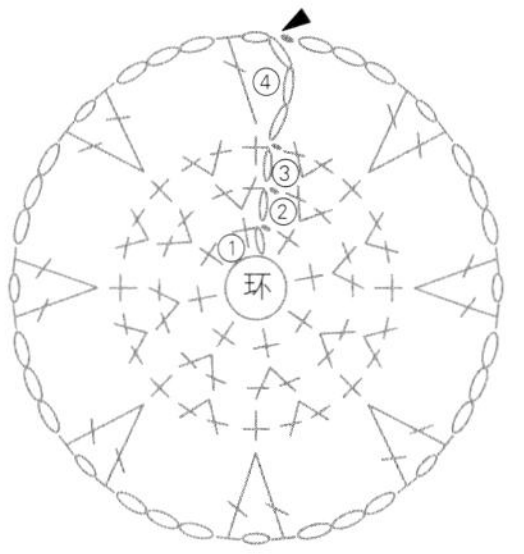

④
③
②
①
环

*反面当作正面。

线圈

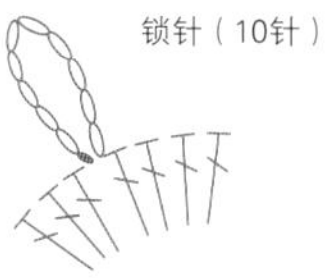

锁针（10针）

▷ = 加线

► = 剪线

*最后一个花瓣的小环当作线圈。

大花花瓣

❶～❸重复8次。

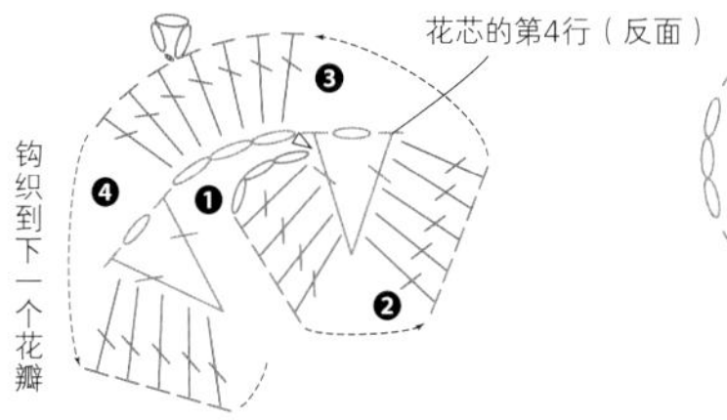

花芯的第4行（反面）
钩织到下一个花瓣
❶
❷
❸
❹

❶ 在花芯第4行的长针编织的针脚处加线，立织3针锁针，钩织4针长针。

❷ 旋转织片，在相邻的长针上编织5针长针。

❸ 接着，在花芯第4行的3针锁针上编织4针长针、3针锁针的引拔狗牙针和3针长针。

❹ 一直钩织到花芯第4行的长针处。按照相同方法重复8次。

小花花芯

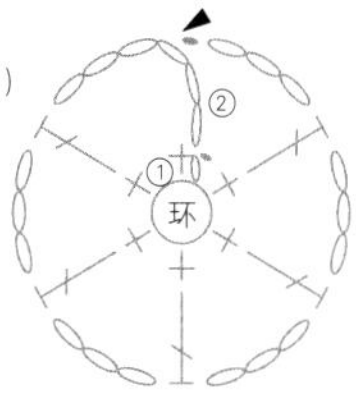

②
①
环

小花花瓣

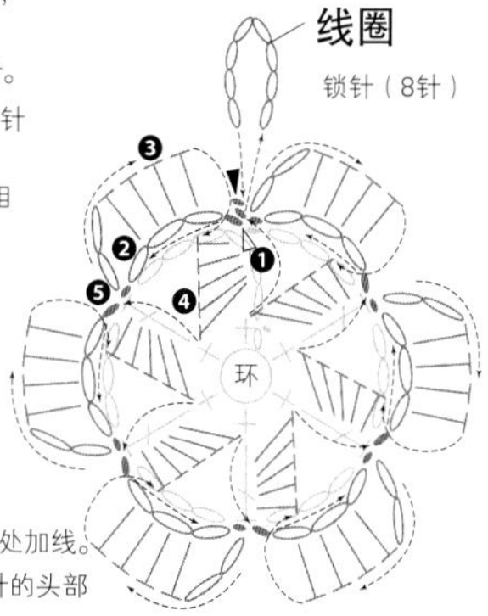

线圈
锁针（8针）
❶
❷
❸
❹
❺
环

❶ 在花芯第2行立织的3针锁针处加线。

❷ 钩织3针锁针，在下一个长针的头部位置引拔。

❸ 立织2针锁针，翻转至反面，将步骤❶中钩织的锁针针目成束挑起，钩织4针中长针。

❹ 翻转至正面，花芯第2行的长针编织成束挑起，钩织5针中长针。

❺ 与❷相同，在长针的头部位置引拔。重复❷～❺。

成品图

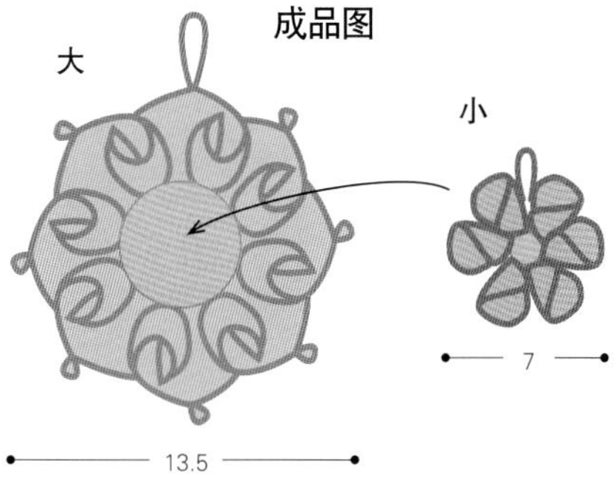

大
小
7
13.5

大花的配色 { ——— =芥末黄色 / ——— =玫瑰粉色 }

小花的配色 { ——— =芥末黄色 / ——— =灰粉色 }

花瓣的编织方法

在编织圆锥形的弯曲花瓣时，要注意钩织的方向以及挑织上一行针目的方法。记住了编织的要点和顺序，工作就会顺畅很多。

※用“小花”进行说明。

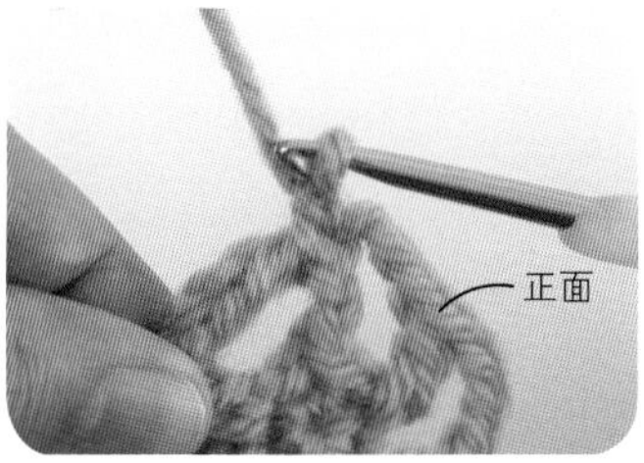

正面

1 在花芯第2行立织锁针的第3针，用引拔针方法加线。

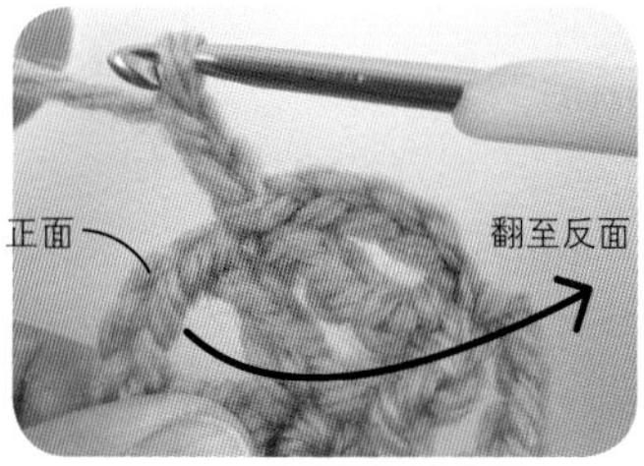

正面
翻至反面

2 钩织3针锁针，在长针编织的头部位置引拔，接着立织2针锁针。织片翻转至反面。

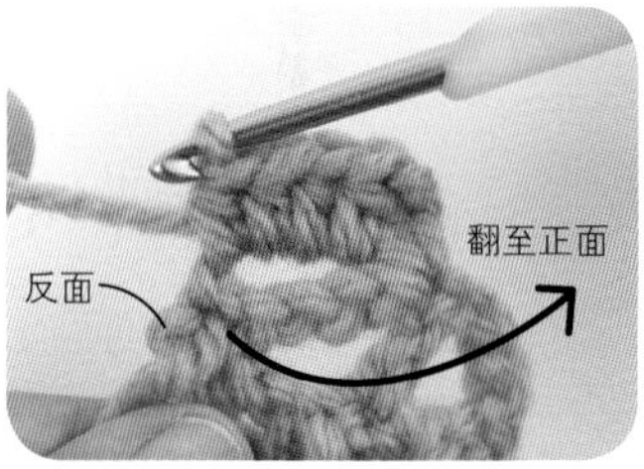

反面
翻至正面

3 挑起步骤2的锁针针目，钩织4针中长针。织片翻转至正面。

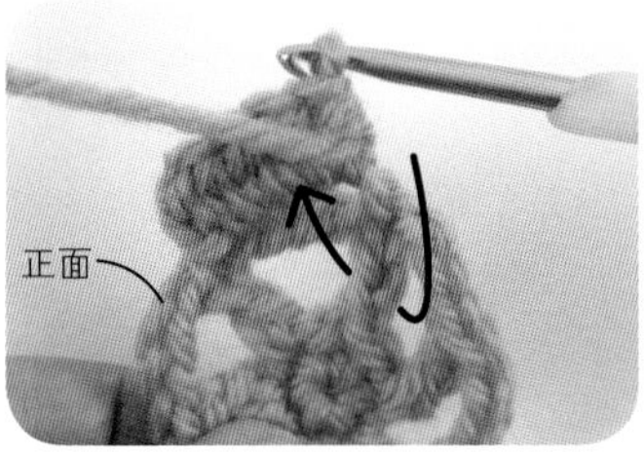

正面

4 接着，将花芯第2行长针编织的针脚成束挑起。

5 钩织5针中长针。

6 和步骤2相同，在长针编织的头部位置引拔。开始钩织第1片花瓣。

7 如图所示，重复编织步骤2～6。

B
A

23

戴在四根手指上使用的迷你连指手套。条纹形状的细荷叶边设计，可以彻底清除污垢。

设计…西村知子
毛线…和麻纳卡粗邦尼
编织方法…**p.34**

A
B
SOAP

24

把荷叶边的花片团成一个球。
编织小技巧：锁针起针时用较粗的针，钩出蓬松的效果。

设计 … 西村知子
毛线 … 和麻纳卡粗邦尼
编织方法 … **p.35**

手指放入悬挂用的线圈中就可以使用了。

编织方法
23
图案 p.32

毛线

和麻纳卡粗邦尼

A/深橘色（414）25g、抹茶色（493）15g（各1团）

B/芥末黄色（491）25g、原白色（442）15g（各1团）

针

钩针7/0号

成品尺寸

掌围22cm，长13cm（不包括线圈）

编织要点

- 预留出15cm的线，钩织43针锁针起针。其中15针用于钩织线圈。在第1行中，28针钩织成环形。如图所示，钩织褶边。
- 最后一行时，需要交替挑起织片靠近身前及外侧的针目，将其缝在一起。
- 使用编织起点预留的线，制作线圈。

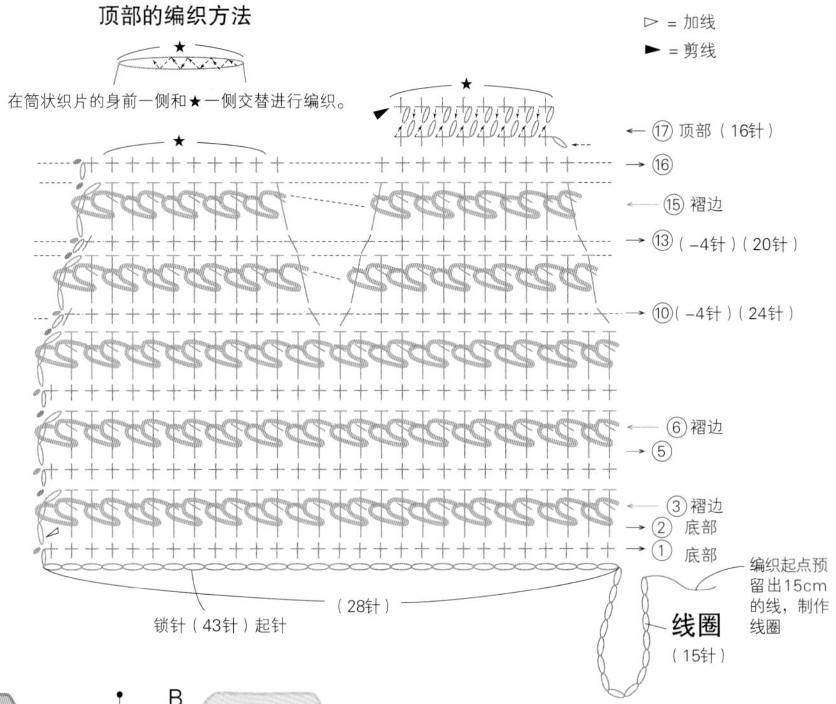

顶部的编织方法
在筒状织片的身前一侧和★一侧交替进行编织。
▷ = 加线
► = 剪线
⑰ 顶部（16针）
⑯
⑮ 褶边
⑬（-4针）（20针）
⑩（-4针）（24针）
⑥ 褶边
⑤
③ 褶边
② 底部
① 底部
编织起点预留出15cm的线，制作线圈
线圈
（15针）
（28针）
锁针（43针）起针

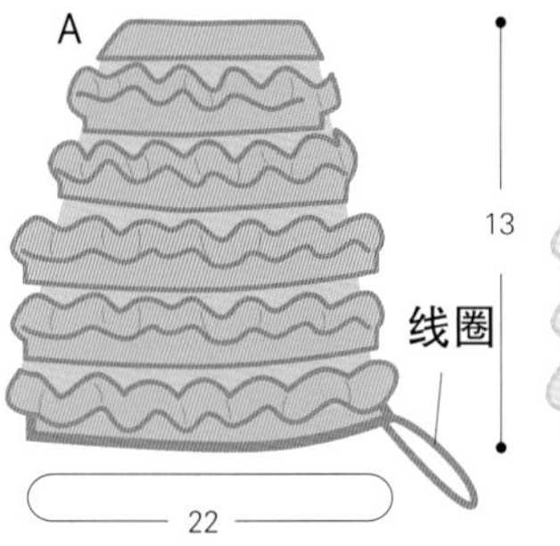

成品图
A
B
13
线圈
22

配色 A / B
- ——— =深橘色 / 芥末黄色
- ——— =抹茶色 / 原白色

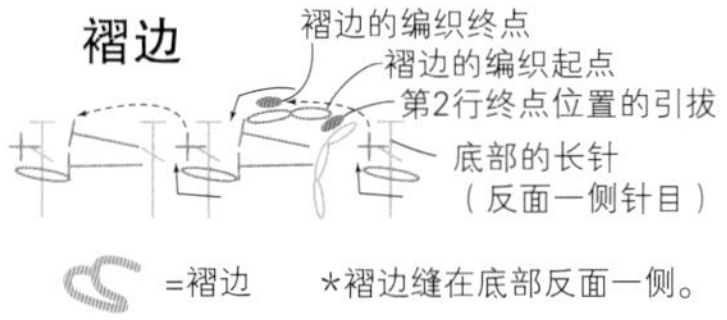

褶边
褶边的编织终点
褶边的编织起点
第2行终点位置的引拔
底部的长针
（反面一侧针目）
=褶边

*褶边缝在底部反面一侧。

褶边钩织方法

立体的条纹褶边，钩织在上一行长针的针脚处。编织时要挑起长针针脚，同时还需要注意钩针的方向。

正面

1 到第2行为止，一直按图示编织。第3行更换毛线颜色，立织2针锁针。

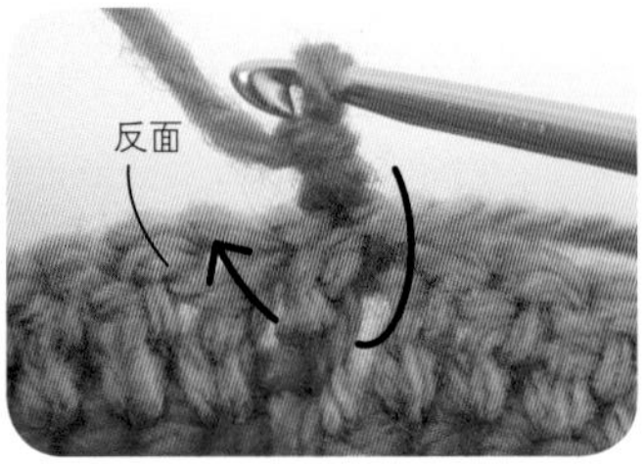

反面

2 织片翻转至反面。

3 钩针挂线，在上一行长针第1针的针脚处，钩针从右向左入针，成束挑织（参照步骤2中箭头的方向）。

4 中长针。按照相同方法，继续钩织1针中长针。

5 钩织1针锁针，在左侧相邻长针的针脚处，钩针从左向右入针，成束挑织。

6 钩织1针短针。

7 完成1片褶边。按照编织图一直编织到最后，然后将织片翻转至正面，编织下一行。

编织方法

24

图案… p.33

毛线

和麻纳卡粗邦尼

A/深粉色（474）、蓝青色（603）各11g（各1团）

B/金茶色（482）、蓝色（462）各11g（各1团）

针

钩针8/0号、7/0号

成品尺寸

直径9cm

编织要点

● 留出20cm的线，使用8/0号钩针，钩织41针锁针起针。在16针后制作线圈。

● 换成7/0号钩针，图中所示的花片，每种颜色线各钩织1条。

● 将制作线圈用的2条16针的锁针辫子捻在一起，然后将编织起点处预留的线穿过钉缝针，穿入钩入长针的锁针圈中，稍微收紧一些（2根线一起）。在★标记位置，将2条花片组合到一起连成环形，再拉紧，最后整理形状。

成品图

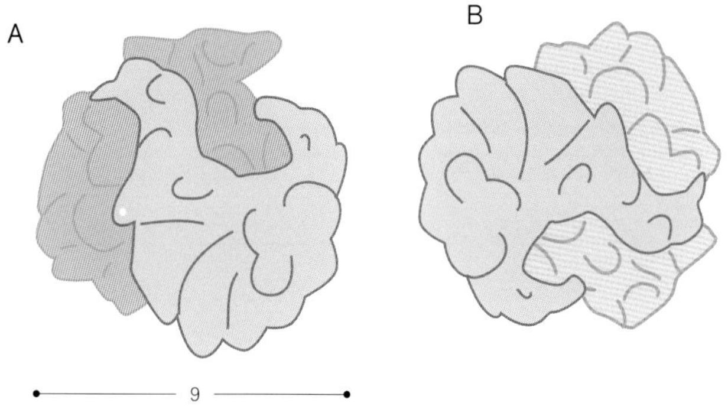

A
B
9

整理方法

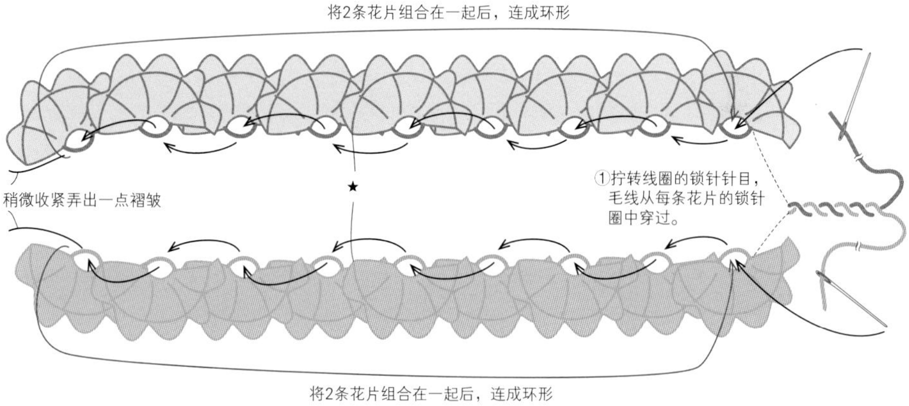

将2条花片组合在一起后，连成环形
★
稍微收紧弄出一点褶皱
①拧转线圈的锁针针目，毛线从每条花片的锁针圈中穿过。
将2条花片组合在一起后，连成环形

②在有★标记的位置，将2条花片呈十字组合，如上图中红线所示穿过毛线。

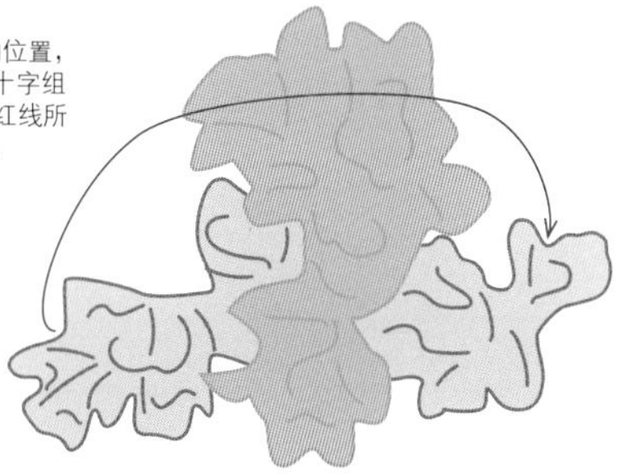

③将穿过的毛线用力拉紧，调整形状，整理毛线。

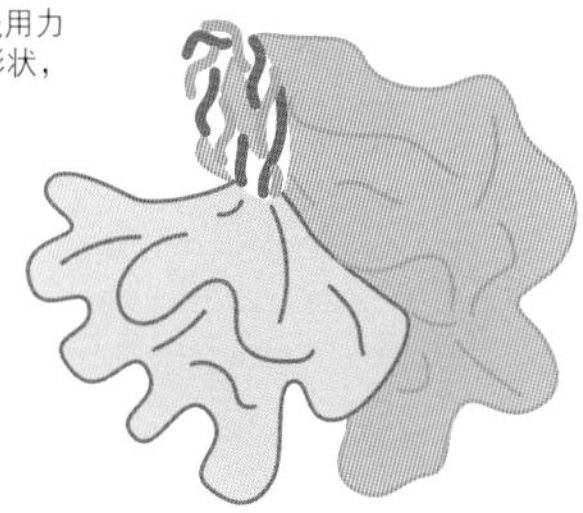

花片

A＝深粉色、蓝青色线各1根　B＝金茶色、蓝色线各1根

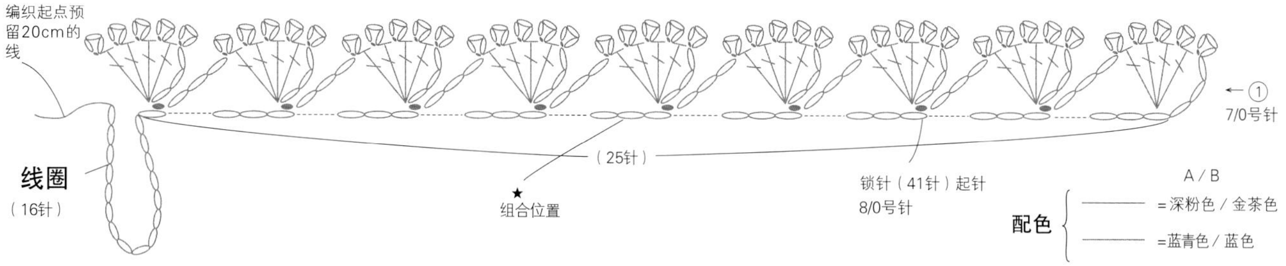

编织起点预留20cm的线
←①
7/0号针
线圈
（16针）
（25针）
★
组合位置
锁针（41针）起针
8/0号针
A / B
配色
＝深粉色 / 金茶色
＝蓝青色 / 蓝色

Chapter 5 可爱风

把各种可爱的织片都放在身边，
身心都跟着变得柔和了。

C
A
D
B
E

25

使用粗细不同的毛线，编织出形似感叹号的草莓百洁布。前端细长的设计，即使是狭窄的沟槽污垢也能够清理得干干净净。

设计 … Sachiyo＊Fukao
毛线 … 和麻纳卡粗邦尼、中粗邦尼
编织方法… **p.51**

A

26

对折后也非常可爱的一款百洁布，用收边钩织将织片的内、外侧连接在一起。红苹果和青苹果，你喜欢哪一款?

设计 … 石塚始子(秋樱)

毛线 … 和麻纳卡中粗邦尼

编织方法… **p.52**

B

用它捏住盘子等餐具，
清洗的时候非常方便。

27

28

27、28

想用来做装饰品的咖啡风百洁布。
编织的最后，用收边钩织将横向编织的水滴状织片调整好。

设计 … 铃木敬子（pear）
毛线 … 和麻纳卡粗邦尼
编织方法… **p.53**

29

可以把整只手都放进去的连指手套式百洁布。这款作品不仅在清扫厨房的时候可以派上用场，在擦窗户、清洗浴缸的时候也能帮上大忙。

设计 … 铃木敬子 (pear)
毛线 … 和麻纳卡粗邦尼
编织方法 … **p.54**

30

治愈系的绵羊形状百洁布，忍不住想装饰在电脑旁边，用来缓解压力。蓬松的线圈，可以一下子拂去飘落的尘埃。

设计 … 金子祥子

毛线 … 和麻纳卡粗邦尼

编织方法… **p.55**

ABCDEFGHIJKLM
NOPQRS
B
A
9
0
+
−
x
÷
=
6
7

A
B
C

31

方便拿取的蝴蝶结形状百洁布，尤其适合日常的清洁工作。中长针的枣形针，营造出立体的视觉效果。

设计 … 大野优子（ucono）

毛线 … 和麻纳卡粗邦尼

编织方法… **p.55**

32

水平的方形织片、立体花形方织片，单独织一片使用很方便，拼接在一起也极具特色。根据自己的用途，挑战不同的设计方法，一定会乐趣无穷。

设计 … 桥本真由子
毛线 … 和麻纳卡粗邦尼
编织方法… **p.43**

编织方法

32

图案… p.42

毛线

和麻纳卡粗邦尼

原白色（442）24g、蓝青色（603）20g、深橘色（414）15g、群青色（473）13g、金黄色（433）5g（各1团）

针

钩针7/0号

成品尺寸

织片A、B 11.5cm×11.5cm

4片：25cm×25cm

编织要点

●环形起针，如图所示，2种织片各钩织2片。

●留意织片正面并对齐，然后挑起最后一行外侧的半针，拼接在一起。

●四周用收边钩织完成。

织片A 2片

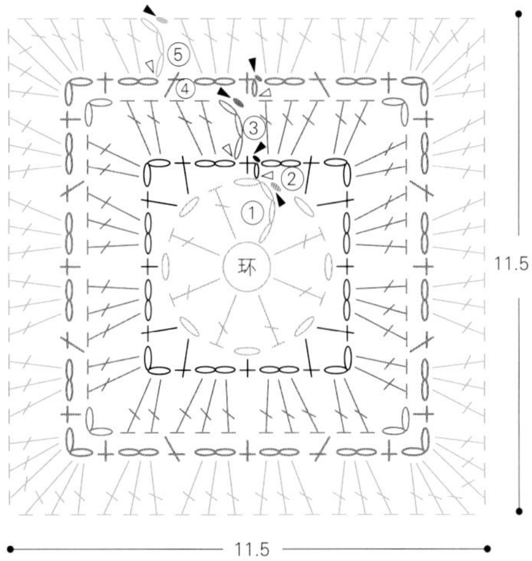

环
11.5

织片B 2片

环
11.5
11.5

※除了转角部分，第4行的短针都是从上一行的针目与针目之间的空隙入针进行钩织。

③ = 包卷上一行，同时在上上行入针，中长针钩织。

= 5针长针的爆米花针

织片的拼接方法与收边钩织

拼接时，织片要对齐，然后挑起最后一行外侧的半针进行钩织

收边钩织①
25
25

▷ = 加线

► = 剪线

配色：

- =金黄色
- =原白色
- =群青色
- =深橘色
- =蓝青色

= 短针条纹针

33

装饰品风格的短袜款百洁布。用这款百洁布和孩子们一起开始年末大清扫，想想都非常开心。

设计 … Sachiyo＊Fukao
毛线 … 和麻纳卡中粗邦尼
编织方法… **p.56**

B
A

34

隔热垫式样的百洁布，营造出一种星空的感觉。
从中间盛开的小花开始，呈星形展开进行钩织。

设计 … Sachiyo＊Fukao
毛线 … 和麻纳卡粗邦尼
编织方法… **p.57**

B
A

35

这款圣诞树百洁布，挑起另外一侧的半针后，用条纹针编织出凹凸不平的效果。钩织的作品用作装饰或者每天清扫的时候使用，就像每天都是快乐的节日一样。

设计 … Sachiyo＊Fukao
毛线 … 和麻纳卡粗邦尼
编织方法… **p.58**

Chapter

6 日常风

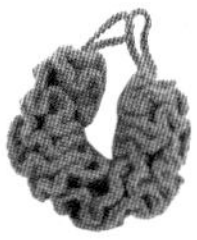

接下来为大家介绍几款每天都想使用且非常方便的百洁布和其他一些有用的小物件。

36

长长针编织的长条百洁布，非常适合清洗水槽。用手拿着两侧的线圈，唰唰唰，唰唰唰，就能够清除污渍了。

设计 … 石塚始子（秋樱）

毛线 … 和麻纳卡粗邦尼

编织方法… **p.57**

37

缀满小花朵织片的拖布套，看起来让人心情舒畅。擦地板的一侧是圈圈针编织，密布的线圈可以非常容易地清除污渍。

设计 … 石塚始子（秋樱）
毛线 … 和麻纳卡粗邦尼、中粗邦尼
编织方法… **p.59**

底部的线圈可以清除污渍。

38

简单的条纹花样拖布套，钩织起来简单方便，你是不是跃跃欲试啦！
用它来代替一次性拖布套，环保又节约。

设计 … 石塚始子（秋樱）
毛线 … 和麻纳卡粗邦尼
编织方法… **p.59**

39

为从商店购买的喷雾瓶穿上一件短针钩织的“衣服”，把瓶身的商标等藏起来，摆放在客厅或者玄关就会更好看。

设计 … 石塚始子（秋樱）
毛线 … 和麻纳卡中粗邦尼
编织方法… **p.49**

编织方法
39
图案… **p.48**

毛线
和麻纳卡中粗邦尼
白色（125）25g、黑色（120）15g、
红色（133）5g（各1团）

装饰品
直径14mm的纽扣（黑色）1颗

针
钩针5/0号

成品尺寸
瓶身25cm，高23cm

编织要点
●钩织42针锁针起针，如图所示，钩织20行连成环形。
●上侧是往返钩织，减针的同时钩织26行。
●制作一个指环，如图所示缝在一起。

成品图

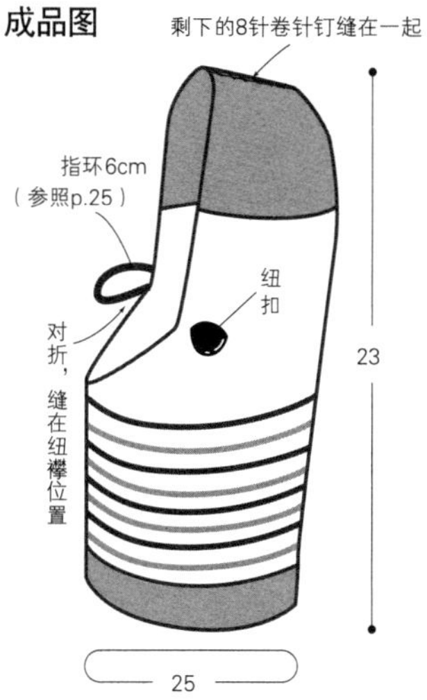

剩下的8针卷针钉缝在一起
指环6cm
（参照p.25）
纽扣
对折，缝在纽襻位置
23
25

主体

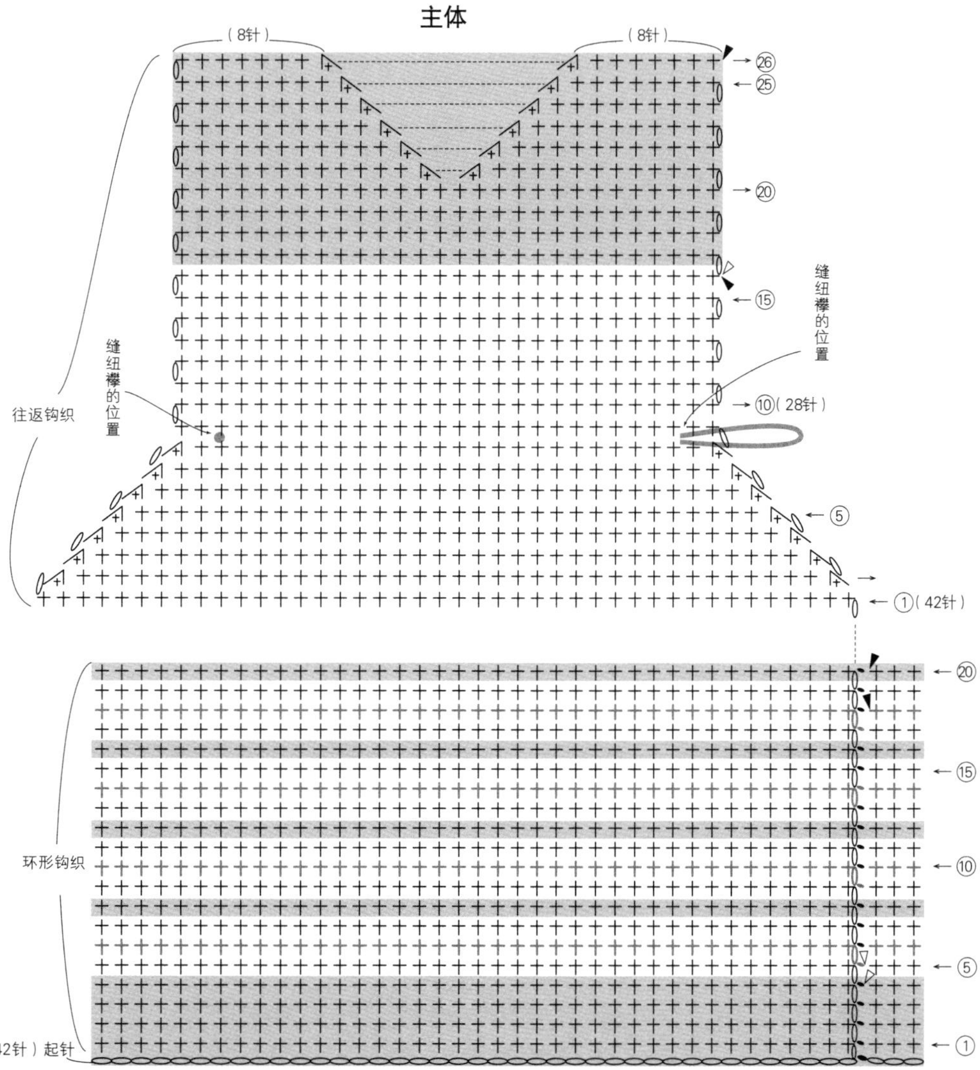

（8针）
（8针）
26
25
20
15
10（28针）
5
1（42针）
往返钩织
缝纽襻的位置
缝纽襻的位置
环形钩织
20
15
10
5
1
锁针（42针）起针

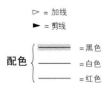

▷ = 加线
► = 剪线

配色
= 黑色
= 白色
= 红色

编织方法

10

图案… p.13

毛线

和麻纳卡粗邦尼

灰色（486）25g、原白色（442）10g

（各1团）

针

钩针8/0号

成品尺寸

12cm×12cm

编织要点

●钩织17针锁针起针，按照短针人字纹针法，钩织2片主体。

●2片主体正面朝外对齐，用各自的线卷针缝合。

成品图

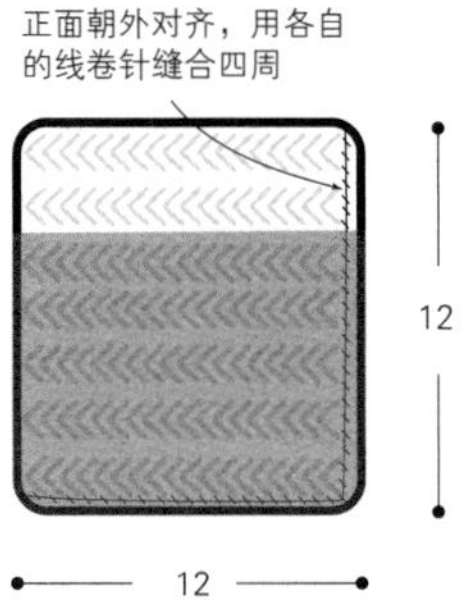

正面朝外对齐，用各自的线卷针缝合四周
12
12

主体 2片

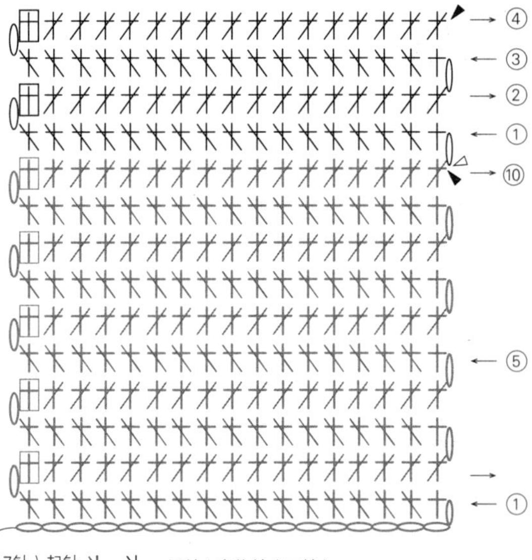

④
③
②
①
⑩
⑤
①
锁针（17针）起针

▷ = 加线

► = 剪线

配色 { ——— =灰色 / ——— =原白色 }

=短针人字纹针（正针）

=短针人字纹针（反针）

=短针（反针）

人字纹针法

人字形斜纹、V形连续花样。
往返编织2行可以完成1个花样，
因为编织的时候会挑起上一行头部的
针目和1根网眼的针脚，
所以会有一定的厚度。

编织方法提案 / Ha-Na

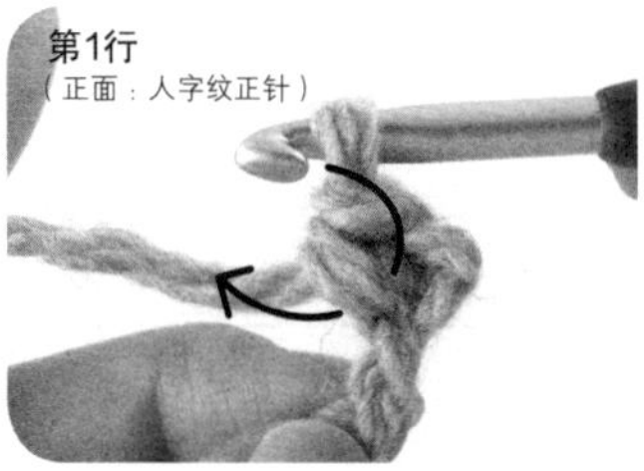

第1行
（正面：人字纹正针）

1 立织1针锁针，挑织起针的里山，钩织1针短针。第2针是从短针编织第1针左侧的1个针脚并靠近身前的一侧入针。

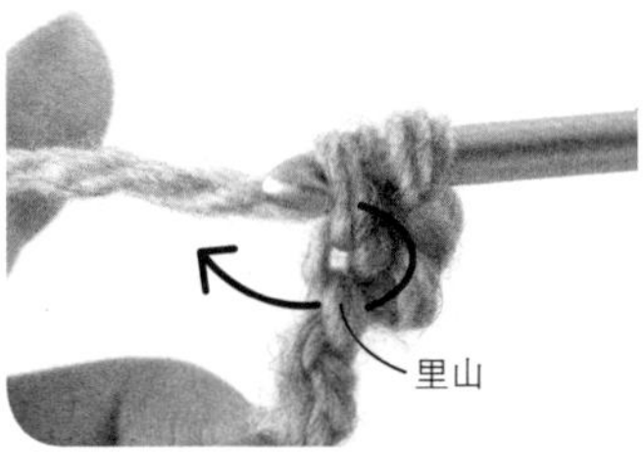

里山

2 在下一个起针的里山入针，钩针挂线，拉出至身前（钩针上绕3圈）。

3 钩针挂线，从钩针上的3个线圈中引拔。

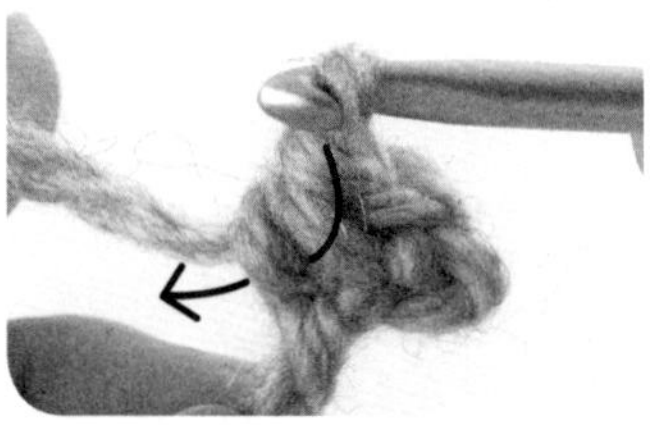

4 人字纹正针编织完成。第3针开始从人字纹正针针脚（左侧）的1根线处入针。

5 挑织下一个里山，按照同样方法钩织。图中所示为人字纹第2针完成的状态。按照同样的方法编织第1行。

第2行
（反面：人字纹反针）

6 第2行是立织1针锁针，织片旋转至身前后翻至反面。

7 线位于身前一侧，钩针从织片的另一侧、上一行针目的上部插入。

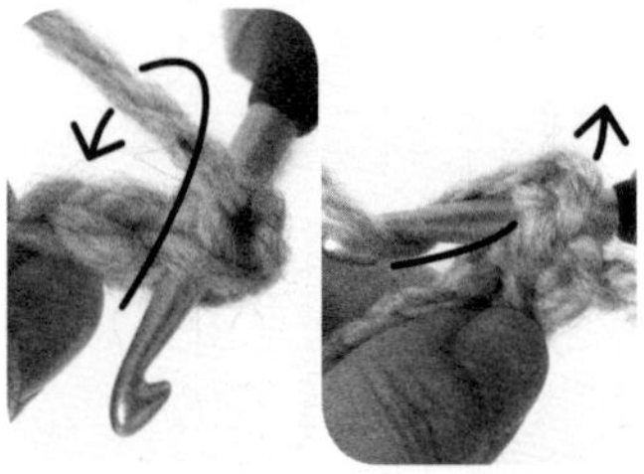

8 按照箭头方向挂线后拉出。这个方法与我们平常的方法有所不同，需要特别注意。

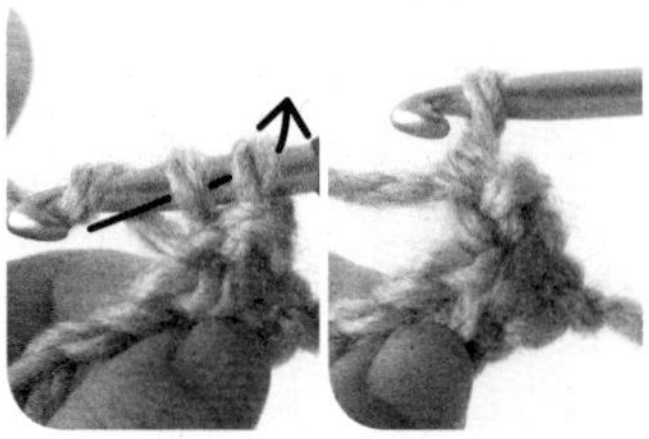

9 钩针挂线，从钩针上的2个线圈中引拔。短针反针钩织第1针完成。

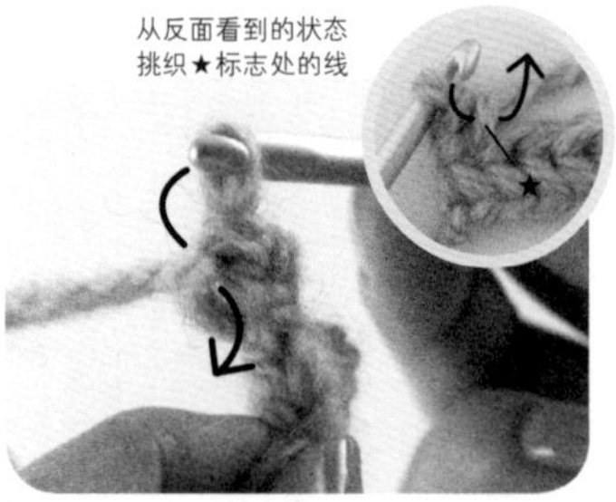

从反面看到的状态
挑织★标志处的线

10 第2针，从步骤**9**短针反针针脚（左侧）的1根线（织片的另一侧处）入针，然后按照步骤**7~9**的方法编织。

11 人字纹反针钩织完成。接着就是挑织人字纹反针钩织针脚（左侧）的1根线，按照同样的方法编织。

编织方法

18

图案… p.23

毛线

和麻纳卡中粗邦尼

A/深粉色（134）7g（1团）

B/红色（133）7g（1团）

针

钩针5/0号

成品尺寸

直径11cm（不包括线圈）

编织要点

- 环形起针，如图所示钩织。
- 最后一行开始继续钩织20针锁针，制作线圈。

成品图

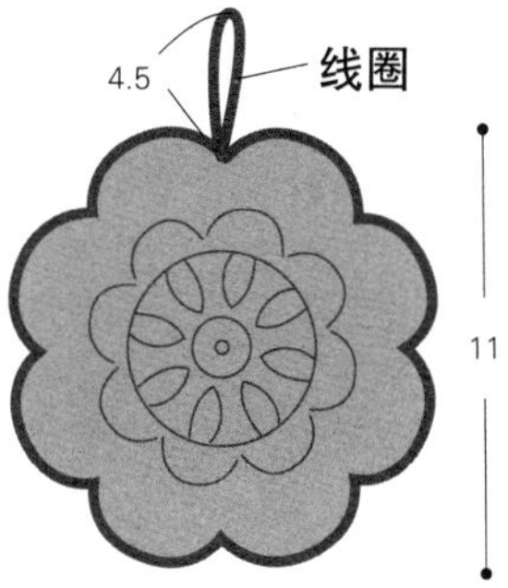
4.5
线圈
11

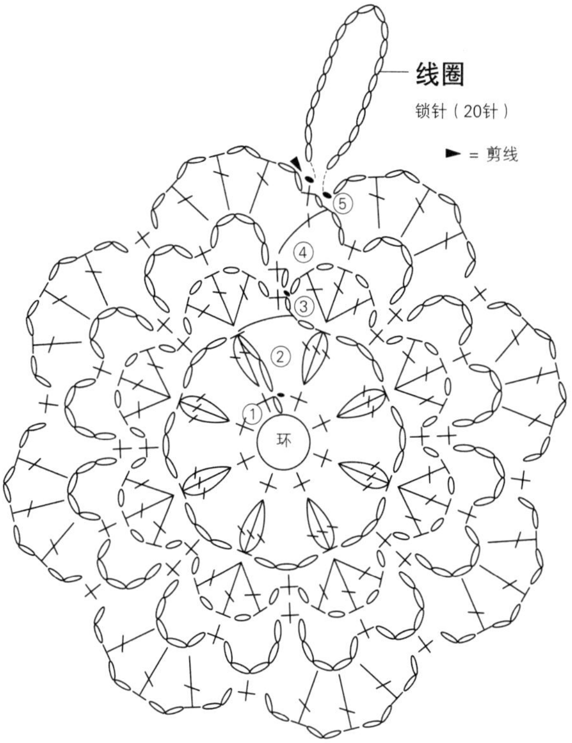
线圈
锁针（20针）
= 剪线
⑤
④
③
②
①
环

编织方法

25

图案… p.36

毛线

大草莓 和麻纳卡粗邦尼

A/亮粉色（601）17.5g、橄榄绿色（494）2.5g（各1团）

B/橙粉色（605）17.5g、橄榄绿色（494）2.5g（各1团）

小草莓 和麻纳卡中粗邦尼

C/深粉色（134）11g、抹茶色（113）1.5g（各1团）

D/淡粉色（109）11g、抹茶色（113）1.5g（各1团）

E/红色（133）11g、抹茶色（113）1.5g（各1团）

针

大草莓＝钩针7.5/0号　小草莓＝钩针6/0号

成品尺寸

大草莓＝5cm×11cm　小草莓＝4.5cm×9cm

编织要点

- 果实环形起针，按加减针钩织13行。
- 用和果实相同颜色的线夹在中间，毛线从剩余的针目中穿过后拉紧。
- 果蒂环形起针钩织。编织终点留出30cm的线后剪断。
- 用预留出的线将果蒂与果实缝在一起。

成品图

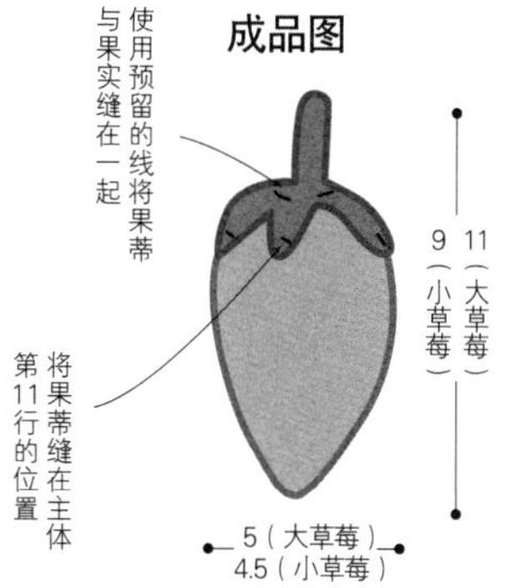
使用预留的线将果蒂与果实缝在一起
将果蒂缝在主体第11行的位置
9（小草莓）
11（大草莓）
5（大草莓）
4.5（小草莓）

配色表

	A	B	C	D	E
果实	亮粉色	橙粉色	深粉色	淡粉色	红色
果蒂	橄榄绿色	橄榄绿色	抹茶色	抹茶色	抹茶色

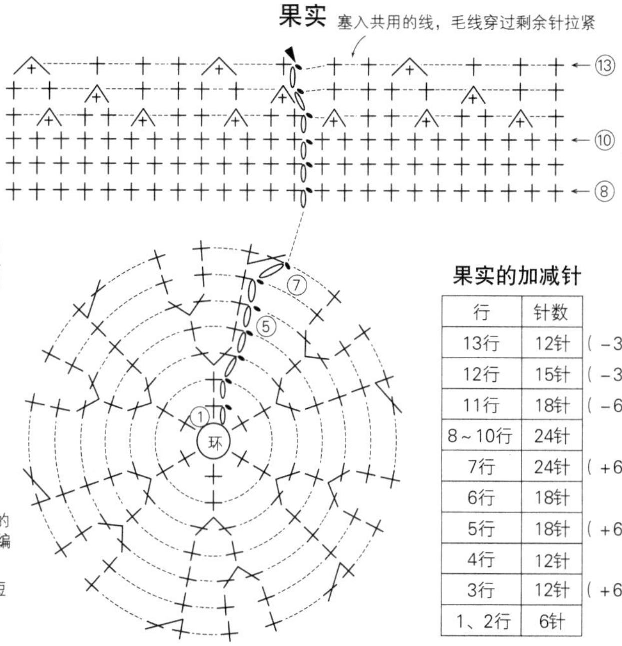
= 剪线
果实
塞入共用的线，毛线穿过剩余针拉紧
⑬
⑩
⑧
⑦
⑤
①
环

果蒂

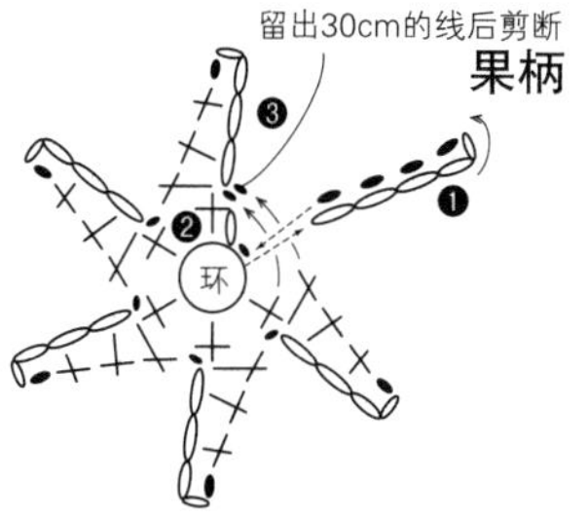
留出30cm的线后剪断
果柄
❶
❷
❸
环

❶环形起针，钩织5针锁针，挑织锁针的里山，钩织4针引拔针，连成环形，编织果柄。

❷、❸继续立织1针锁针，环形中嵌入5针短针，然后继续按照图中所示编织果蒂。

果实的加减针

行	针数	
13行	12针	（－3针）
12行	15针	（－3针）
11行	18针	（－6针）
8～10行	24针	
7行	24针	（＋6针）
6行	18针	
5行	18针	（＋6针）
4行	12针	
3行	12针	（＋6针）
1、2行	6针	

编织方法
26
图案… p.37

毛线
和麻纳卡中粗邦尼
A/红色（133）、白色（125）各15g，
焦茶色（119）少量（各1团）
B/黄绿色（124）、白色（125）各15g，
焦茶色（119）少量（各1团）

针
钩针5/0号

成品尺寸
14.5cm × 11.5cm（不包括线圈）

编织要点
●主体部分每种颜色各1片。钩织18针锁针起针，按图示的加减针钩织。
●挑织锁针起针反面一侧的针目，编织剩下的半边。
●主体的内侧，用刺绣做出种子。然后把织片对齐，用外皮颜色的线按照锁边绣方法缝合在一起。
●钩织线圈，对折后缝在主体上。

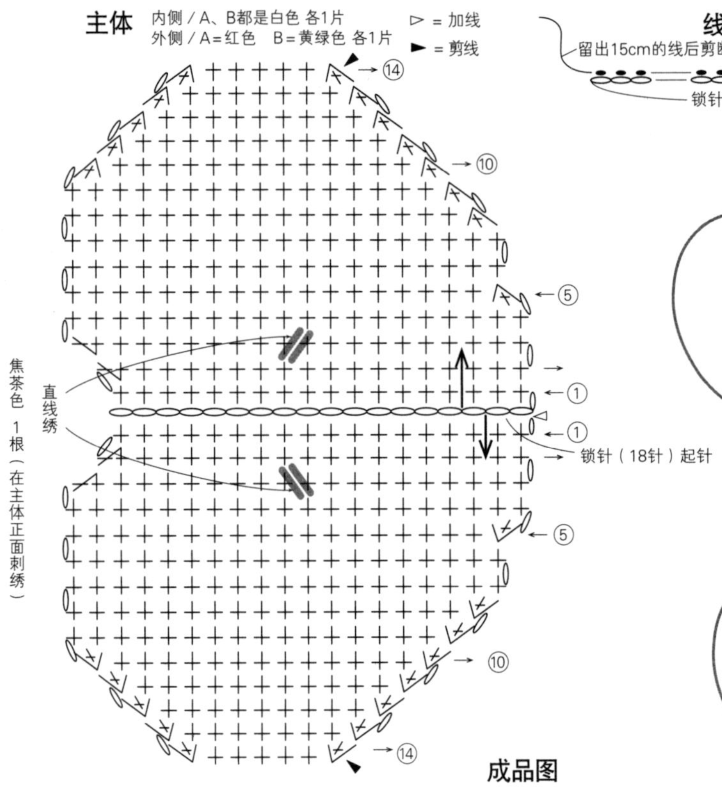
主体 内侧 / A、B都是白色 各1片
外侧 / A=红色 B=黄绿色 各1片
= 加线
= 剪线
⑭
⑩
⑤
①
焦茶色 1根（在主体正面刺绣）
直线绣
锁针（18针）起针

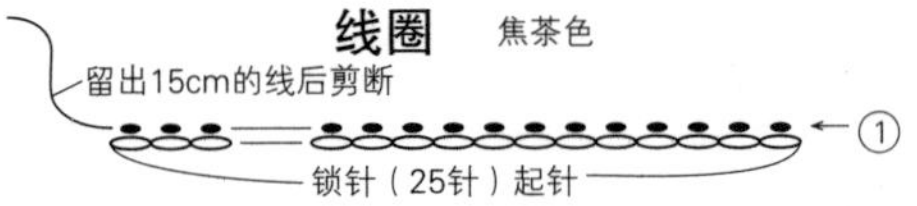
线圈 焦茶色
留出15cm的线后剪断
①
锁针（25针）起针

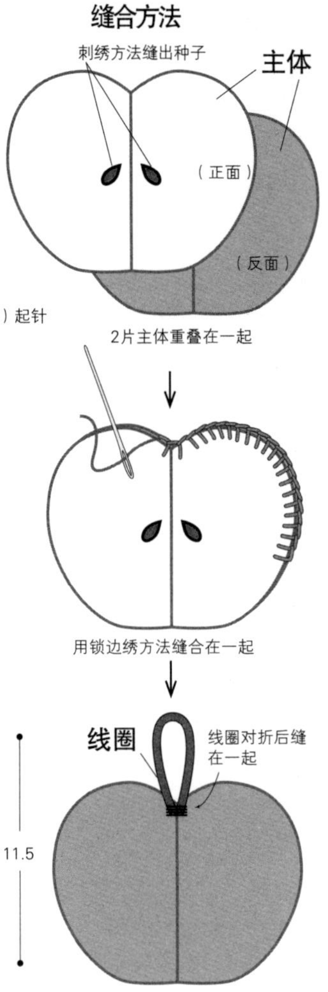
缝合方法
刺绣方法缝出种子
主体
（正面）
（反面）
2片主体重叠在一起
用锁边绣方法缝合在一起
线圈
线圈对折后缝在一起

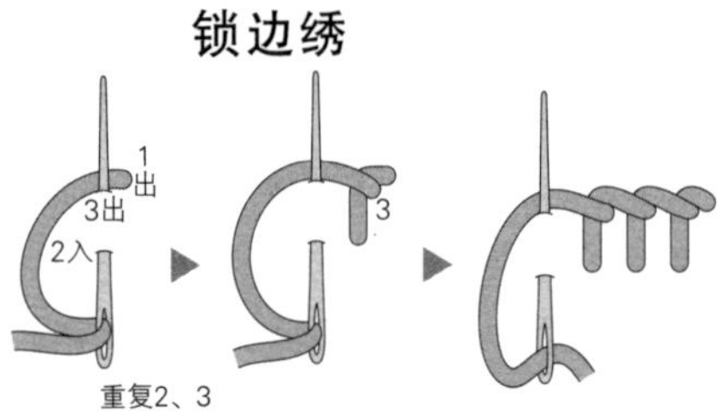
锁边绣
1出
3出
2入
3
重复2、3

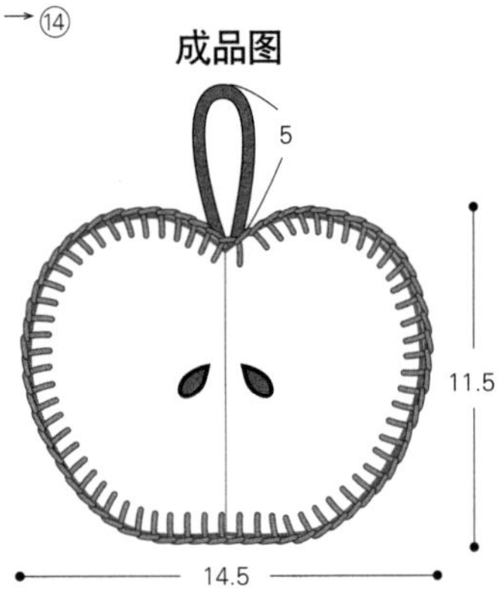
成品图
5
11.5
14.5

编织方法
19
图案… p.23

毛线
和麻纳卡中粗邦尼
A/橄榄绿色（114）4g（1团）
B/胭脂红色（112）4g（1团）

针
钩针5/0号

成品尺寸
7.5cm × 10cm（包括线圈）

编织要点
●环形起针，如图所示，主体3行环形编织。
●接着钩织叶子和线圈。

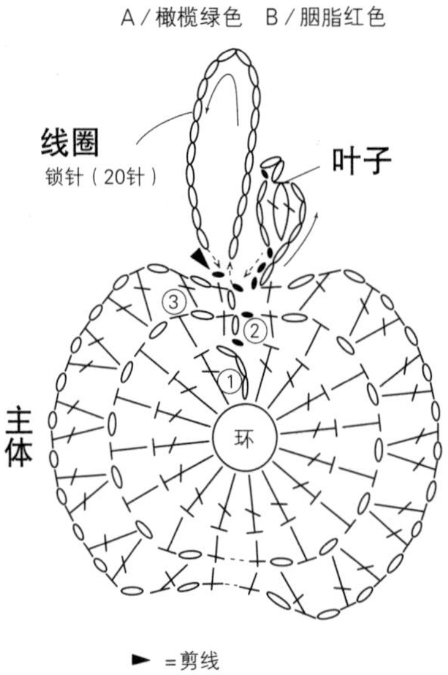
A / 橄榄绿色 B / 胭脂红色
线圈
锁针（20针）
叶子
③
②
①
环
主体
= 剪线

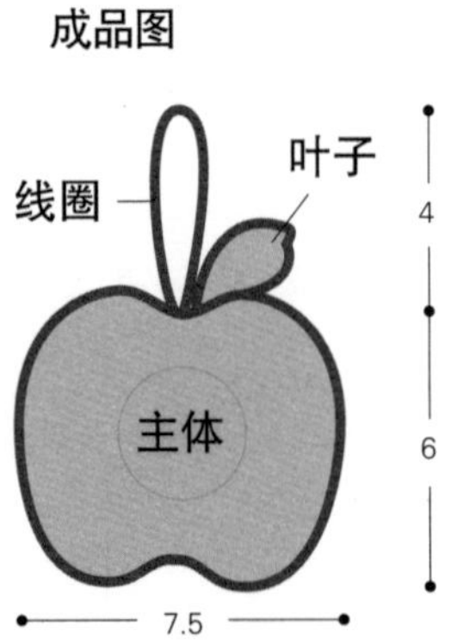
成品图
线圈
叶子
主体
4
6
7.5

编织方法

27、28

图案… p.38

毛线

和麻纳卡粗邦尼

27/浅蓝色（609）15g，原白色（442）4.5g，橙粉色（605）2g，灰色（486）、金茶色（482）各1g（各1团）

28/浅蓝色（609）6.5g，原白色（442）2.5g，橙粉色（605）1.5g，灰色（486）、金茶色（482）各1g（各1团）

针

钩针7/0号

成品尺寸

作品27/22cm×15cm　作品28/14cm×8cm

编织要点

●锁针起针，如图所示，钩织过程中进行配色。

●作品27（茶壶）的主体部分，钩织时要进行配色。

●挑织主体的针目，减针钩织6行，制作出水口。自第6行的终点开始，继续挑织第5、6行的针目，钩织2行短针。

●如图所示，从出水口的终点开始，周边收边钩织，同时用锁针钩织把手。分开锁针针目钩织短针。

●作品28（杯子），从编织终点开始，周边收边钩织，接着钩织把手后剪线。

杯子

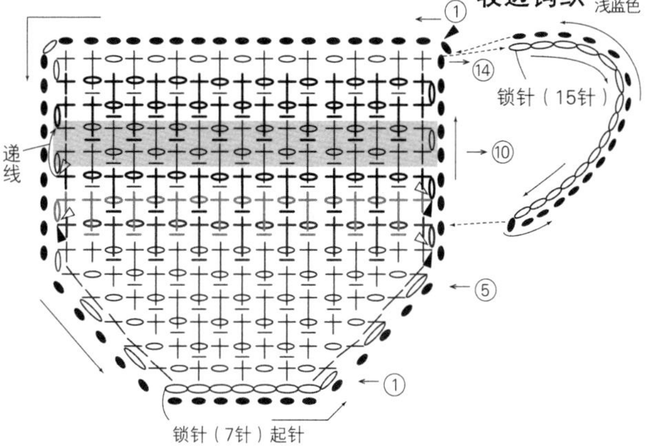

收边钩织 浅蓝色
①
⑭
锁针（15针）
递线
⑩
⑤
①
锁针（7针）起针

= 在包卷上一行锁针的同时，挑起上上一行短针头部外面的1根线后钩织短针。

28 成品图

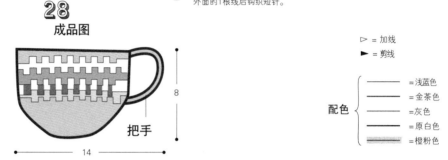

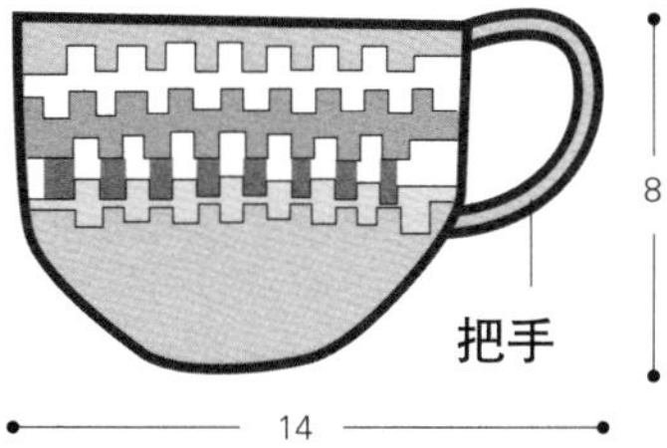

8
把手
14

▷ = 加线
▶ = 剪线

配色
- = 浅蓝色
- = 金茶色
- = 灰色
- = 原白色
- = 橙粉色

茶壶

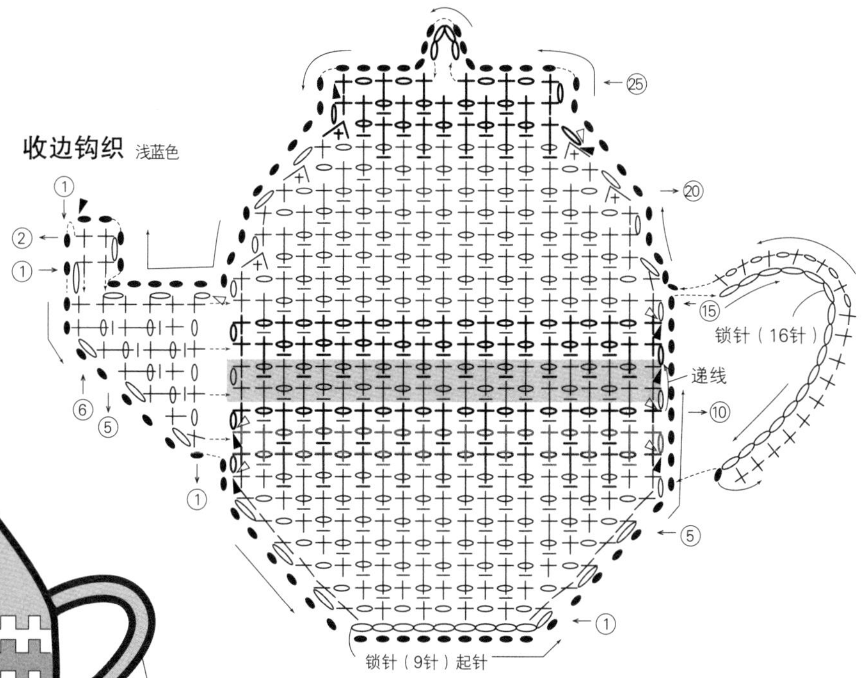

收边钩织 浅蓝色
㉕
⑳
①
②
①
⑮
锁针（16针）
递线
⑩
⑥
⑤
①
⑤
①
锁针（9针）起针

= 在包卷上一行锁针的同时，挑起上上一行短针头部外面的1根线后钩织短针。

27 成品图

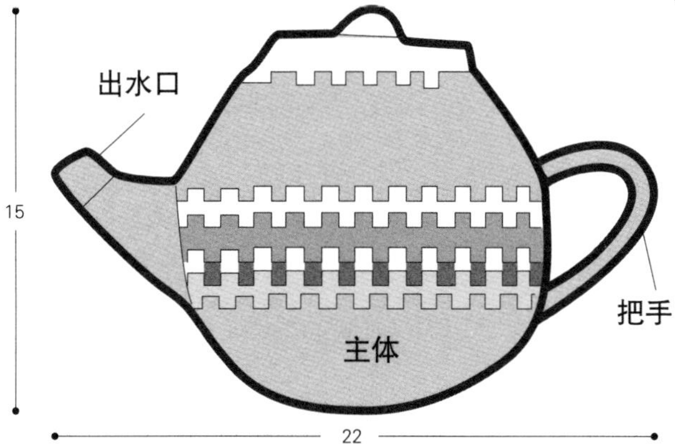

出水口
15
主体
把手
22

编织方法

29

图案… p.39

毛线

和麻纳卡粗邦尼

灰色（486）23g、白色（401）19g、金茶色（482）12g（各1团）

针

钩针7/0号

成品尺寸

掌围31cm，长20cm

编织要点

- ●金茶色线钩织46针锁针起针，连成环形，钩织2行。
- ●配色的同时钩织6行。
- ●拇指处钩织5行，在剩余8针外侧的半针针目中穿上线后拉紧。
- ●主体部分继续钩织11行。最后一行是织片对折后，卷针半针钉缝。
- ●锁针起针30针钩织线圈后，钩织1行短针。留出15cm的线后剪断，缝在指定位置。

成品图

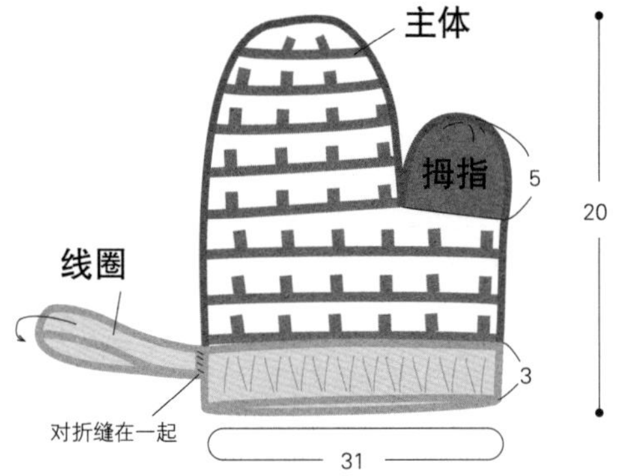

主体
拇指
5
20
线圈
3
对折缝在一起
31

线圈 金茶色

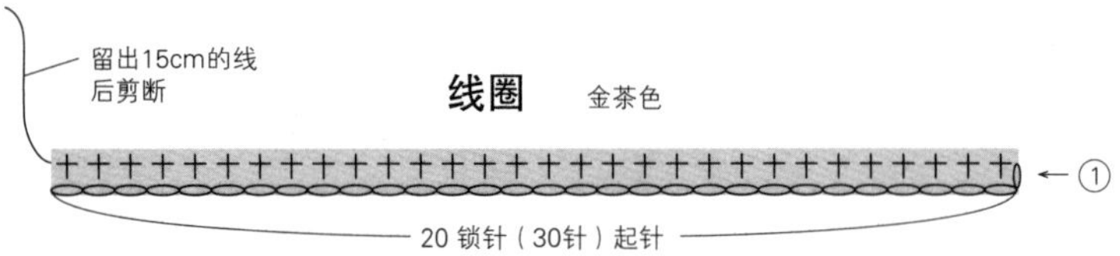

留出15cm的线后剪断
①
20 锁针（30针）起针

主体

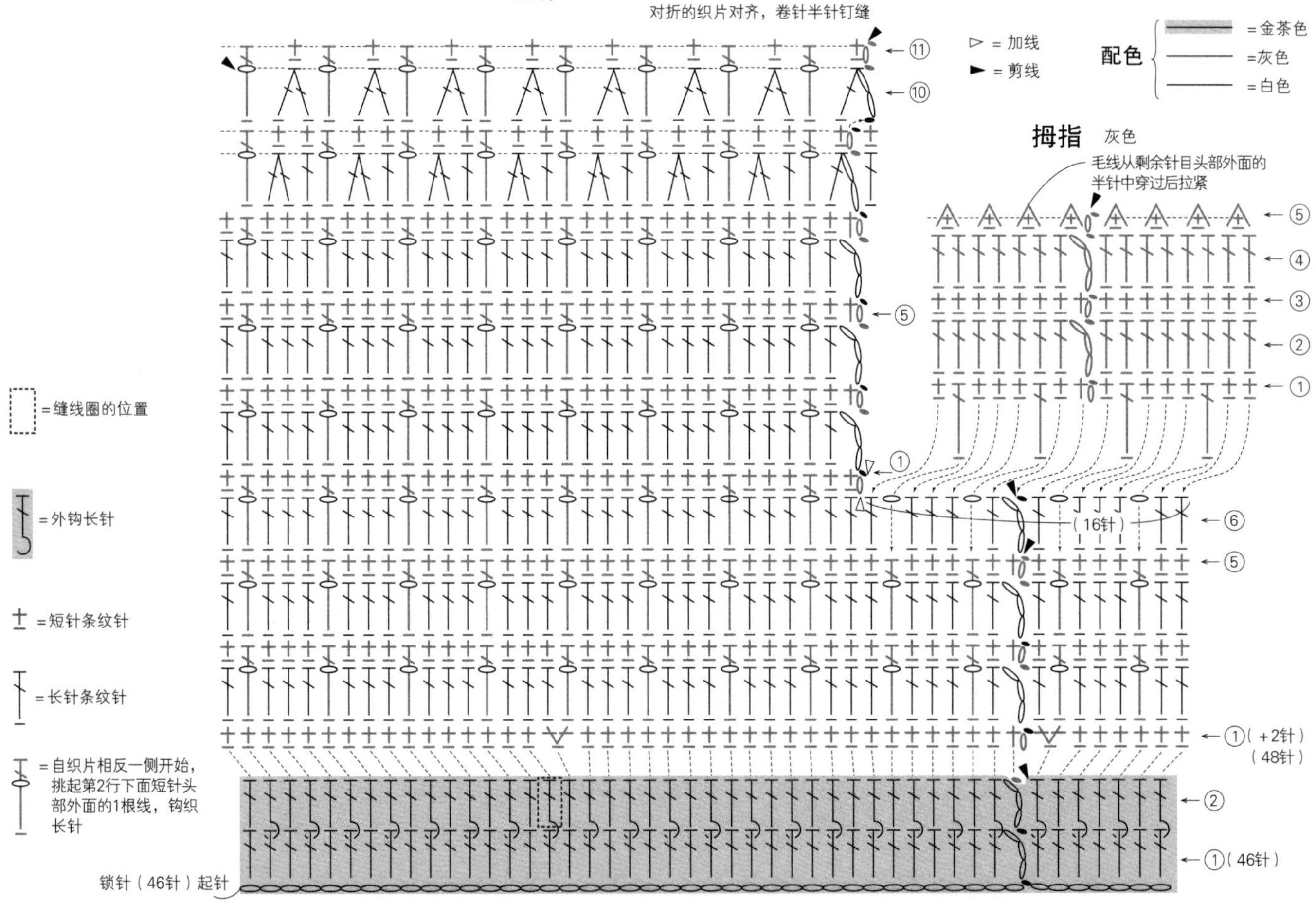

对折的织片对齐，卷针半针钉缝
⑪
⑩
⑤
①
⑥
（16针）
⑤
①（+2针）（48针）
②
①（46针）
锁针（46针）起针
▷ = 加线
◀ = 剪线
配色
= 金茶色
= 灰色
= 白色
拇指 灰色
毛线从剩余针目头部外面的半针中穿过后拉紧
⑤
④
③
②
①
= 缝线圈的位置
= 外钩长针
= 短针条纹针
= 长针条纹针
= 自织片相反一侧开始，挑起第2行下面短针头部外面的1根线，钩织长针

编织方法

30

图案… p.40

毛线

和麻纳卡粗邦尼

A/黑灰色（613）18.5g、米白色（417）1g（各1团）

B/米白色（417）18.5g、黑色（402）1g（各1团）

针

钩针7/0号

成品尺寸

10cm × 6cm

编织要点

●钩织6针锁针起针，用圈圈针钩织主体部分。

●挑织短针外面的半针以及内侧的1根线后钩织第7行引拔针。

●主体部分对折，卷针钉缝在一起。

●钩织面部，制作耳部线圈后，缝到主体上就完成了。

对折线
主体正面朝外对折，
卷针钉缝

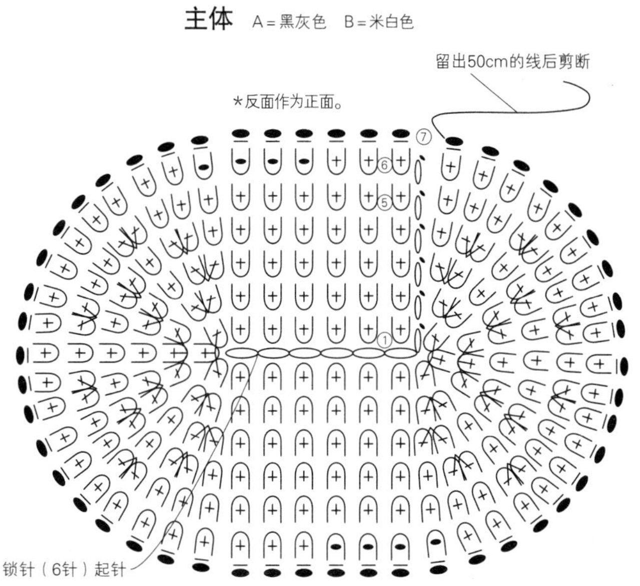

主体 A＝黑灰色 B＝米白色
留出50cm的线后剪断
*反面作为正面。
锁针（6针）起针
＝编入3针短针的圈圈针
＝编入2针短针的圈圈针
＝与圈圈针相同，钩织引拔针
＝挑织外侧的半针及内侧的1根线钩织

成品图

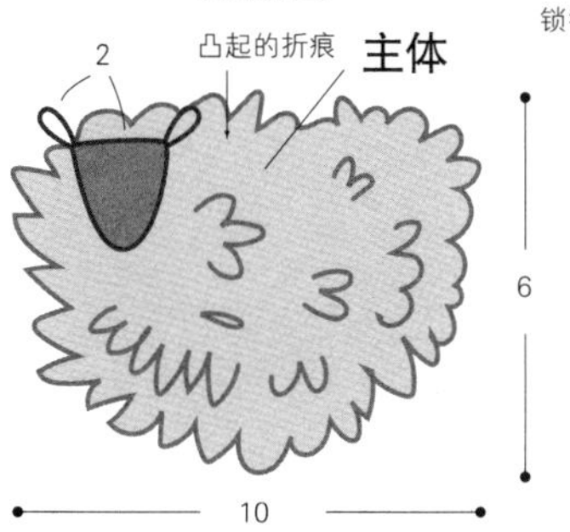

2
凸起的折痕
主体
6
10

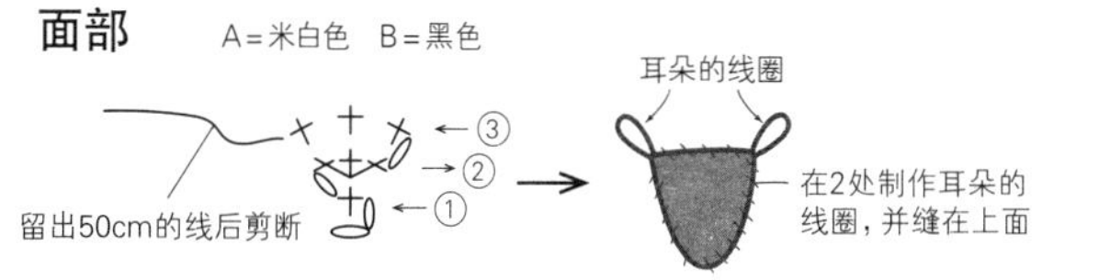

面部 A＝米白色 B＝黑色
留出50cm的线后剪断
耳朵的线圈
在2处制作耳朵的线圈，并缝在上面

编织方法

31

图案… p.41

毛线

和麻纳卡粗邦尼

A/亮粉色（468）21g（1团）

B/亮橙色（415）21g（1团）

C/红色（404）21g（1团）

针

钩针7/0号

成品尺寸

11cm × 7cm

编织要点

●主体部分钩织32针锁针起针，连成环形。第5行后钩织1行短针。挑织钩织起点锁针的相反一侧，钩织1行短针。

●中间的带子是钩织3针锁针起针，然后钩织13行短针。

●将带子缠绕到主体的中间位置，从背面缝合。

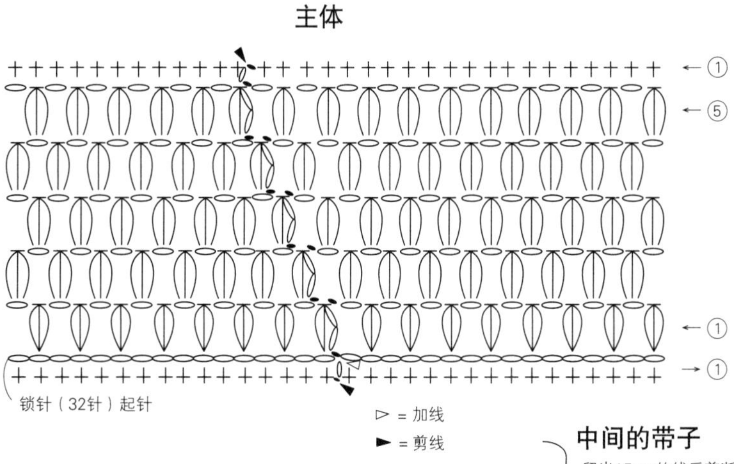

主体
锁针（32针）起针
▷＝加线
►＝剪线

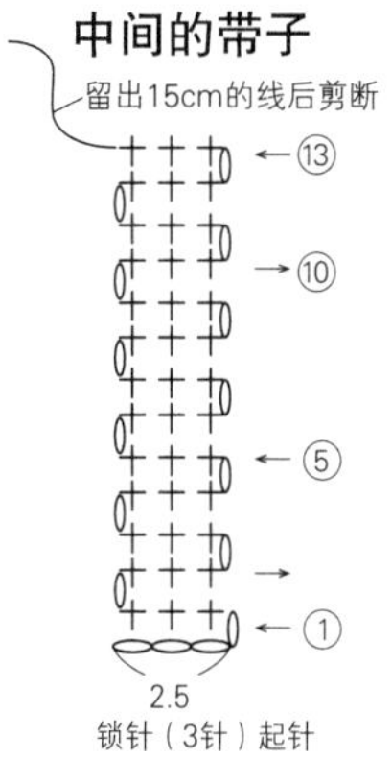

中间的带子
留出15cm的线后剪断
2.5
锁针（3针）起针

成品图

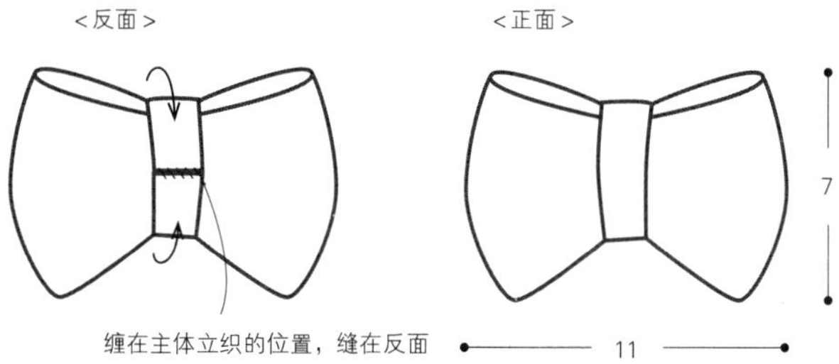

<反面>
<正面>
缠在主体立织的位置，缝在反面
7
11

编织方法

33

图案… p.44

毛线

和麻纳卡中粗邦尼

A/蓝绿色（131）21g，原白色（101）6.5g，橄榄绿色（114）、胭脂红色（112）各2g（各1团）

B/胭脂红色（112）21g，原白色（101）6.5g，黄土色（122）、蓝绿色（131）各2g（各1团）

针

钩针6/0号

成品尺寸

长12cm，底长12cm

编织要点

●钩织28针锁针起针，连成环形，袜筒是短针条纹花样。

●袜跟是往返钩织，如图所示减针后，在减针的一行引拔后，开始加针钩织。

●挑织休针针目后环形钩织，足筒均是短针条纹花样。

●编织终点，毛线穿过剩余的针目后拉紧。

●袜口是钩织反短针，同时钩织线圈。

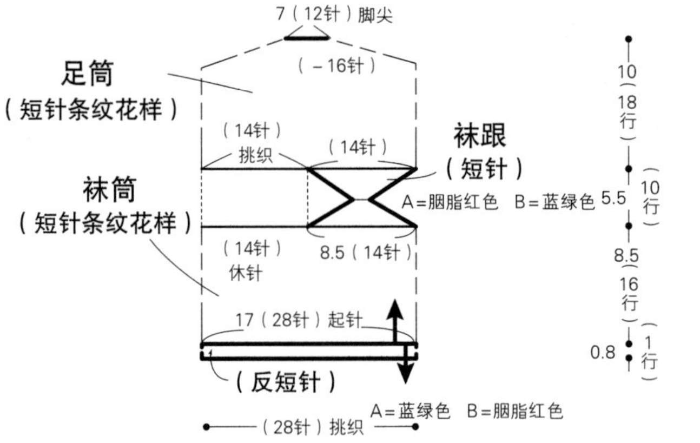

7（12针）脚尖
（－16针）
足筒
（短针条纹花样）
（14针）
挑织
（14针）
袜跟
（短针）
A=胭脂红色 B=蓝绿色
袜筒
（短针条纹花样）
（14针）
休针
8.5（14针）
17（28针）起针
（反短针）
A=蓝绿色 B=胭脂红色
（28针）挑织
10（18行）
5.5（10行）
8.5（16行）
0.8（1行）

成品图

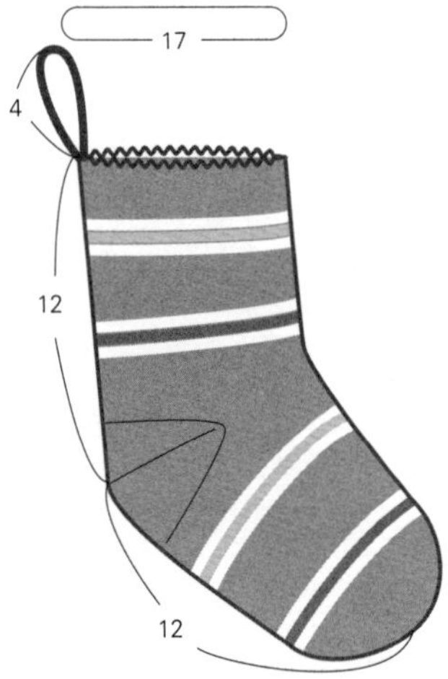

17
4
12
12

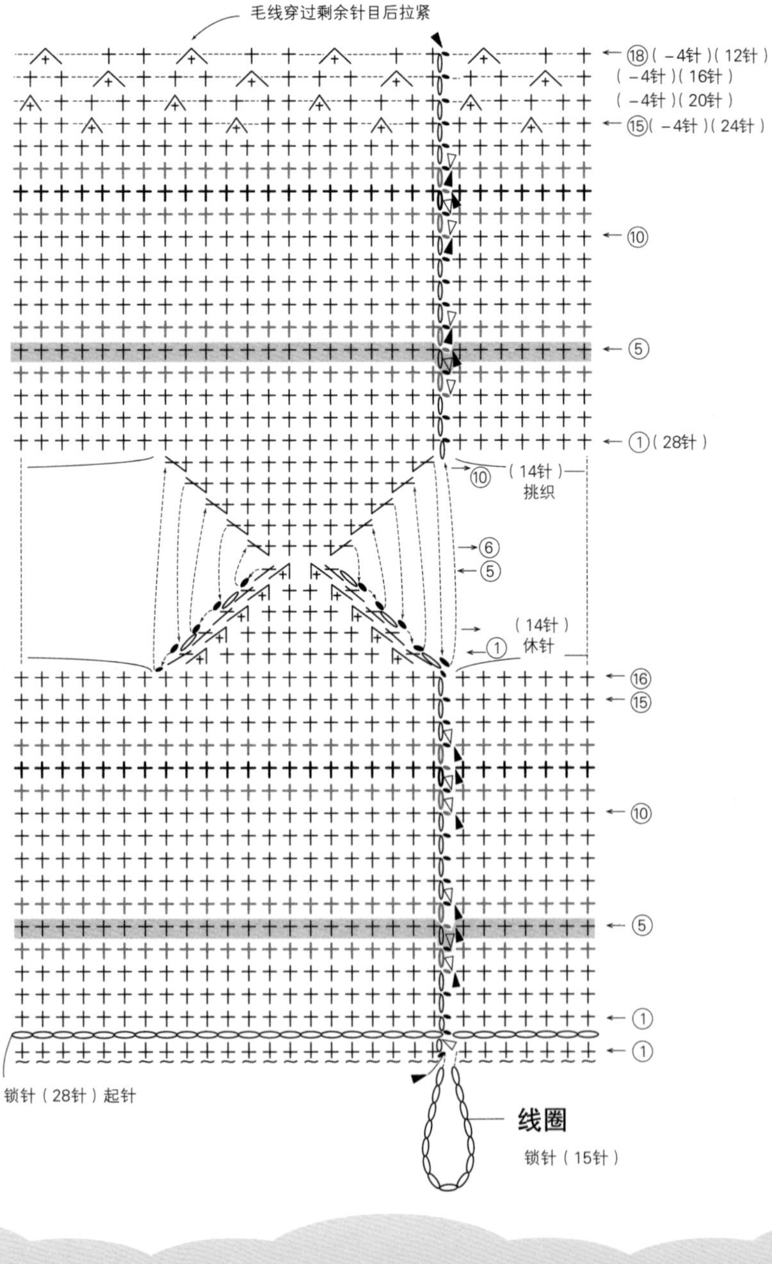

毛线穿过剩余针目后拉紧
⑱（－4针）（12针）
（－4针）（16针）
（－4针）（20针）
⑮（－4针）（24针）
⑩
⑤
①（28针）
⑩
（14针）
挑织
⑥
⑤
（14针）
休针
①
⑯
⑮
⑩
⑤
①
①
▷ = 加线
▶ = 剪线
锁针（28针）起针
线圈
锁针（15针）

配色 A / B

———	=蓝绿色 / 胭脂红色
———	=原白色 / 原白色
———	=橄榄绿色 / 黄土色
———	=胭脂红色 / 蓝绿色

编织方法

34

图案… p.45

毛线

和麻纳卡粗邦尼

A/米白色（417）17.5g、淡茶色（480）7g（各1团）

B/玫瑰粉色（464）17.5g、米白色（417）7g（各1团）

针

钩针7.5/0号

成品尺寸

19cm×18cm（不包括线圈）

编织要点

●环形起针，如图所示，钩织5行呈五角形织片。

●第6行更换毛线颜色，第7行钩织线圈。

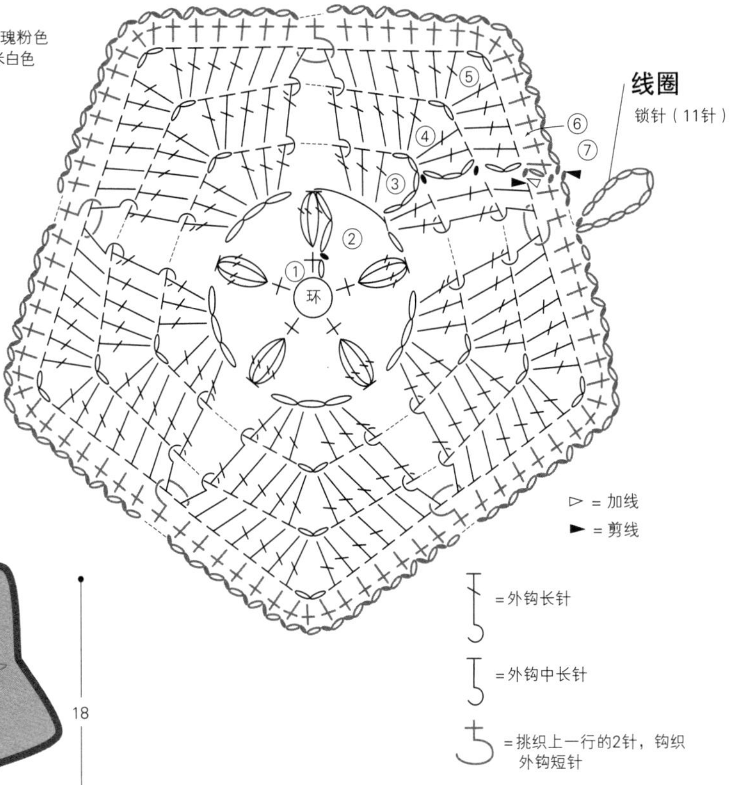

配色
A / B
=米白色 / 玫瑰粉色
=淡茶色 / 米白色
线圈
锁针（11针）
环
▷ = 加线
► = 剪线
=外钩长针
=外钩中长针
=挑织上一行的2针，钩织外钩短针

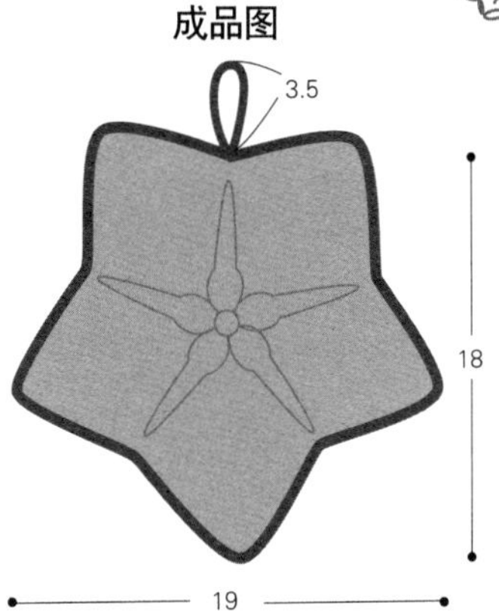

成品图
3.5
18
19

编织方法

36

图案… p.46

毛线

和麻纳卡粗邦尼

淡紫色（496）40g（1团）

针

钩针7.5/0号

成品尺寸

长23cm（不包括线圈）

编织要点

●钩织30针锁针起针，如图所示钩织6行。

●钩织25针锁针做线圈，两端分别缝1根对折过的毛线。

成品图
对折缝合
线圈
线圈
7
7
23

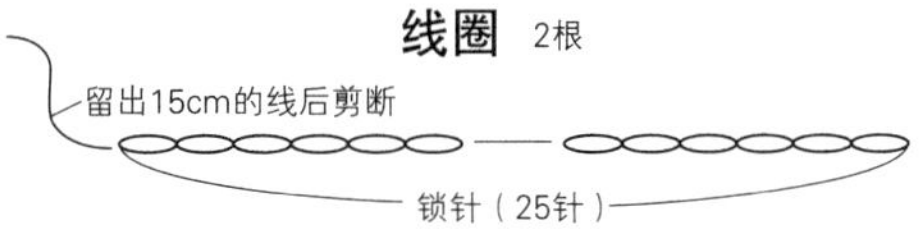

线圈 2根
留出15cm的线后剪断
锁针（25针）

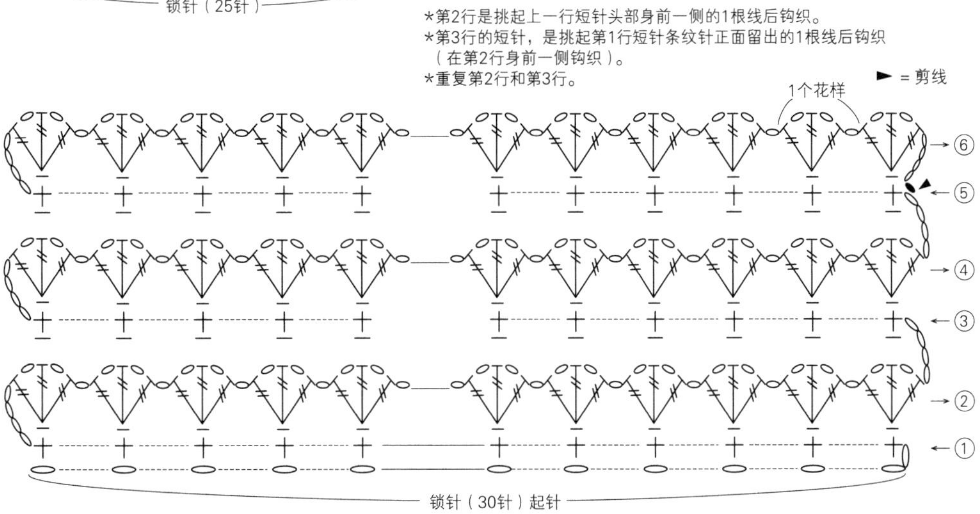

*第2行是挑起上一行短针头部身前一侧的1根线后钩织。
*第3行的短针，是挑起第1行短针条纹针正面留出的1根线后钩织（在第2行身前一侧钩织）。
*重复第2行和第3行。
► = 剪线
1个花样
锁针（30针）起针

编织方法

35

图案… p.45

毛线

和麻纳卡粗邦尼

草绿色（602）17.5g，浅茶色（480）6g，原白色（442）、芥末黄色（491）各少量（各1团）

针

钩针7.5/0号

成品尺寸

12.5cm×14cm（不包括线圈）

编织要点

●环形起针，加针钩织树的部分，同时往返钩织。

●在指定位置挑针，底部环形钩织。

●树和底部的最后一行对折后钉缝在一起，钩出线圈后缝在指定位置。

成品图

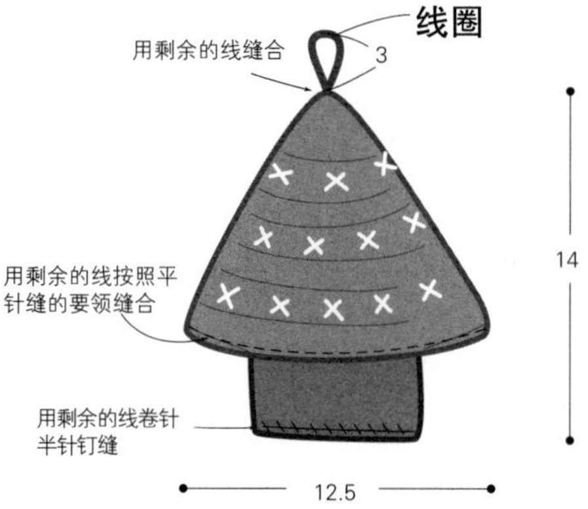
线圈
3
用剩余的线缝合
用剩余的线按照平针缝的要领缝合
用剩余的线卷针半针钉缝
14
12.5

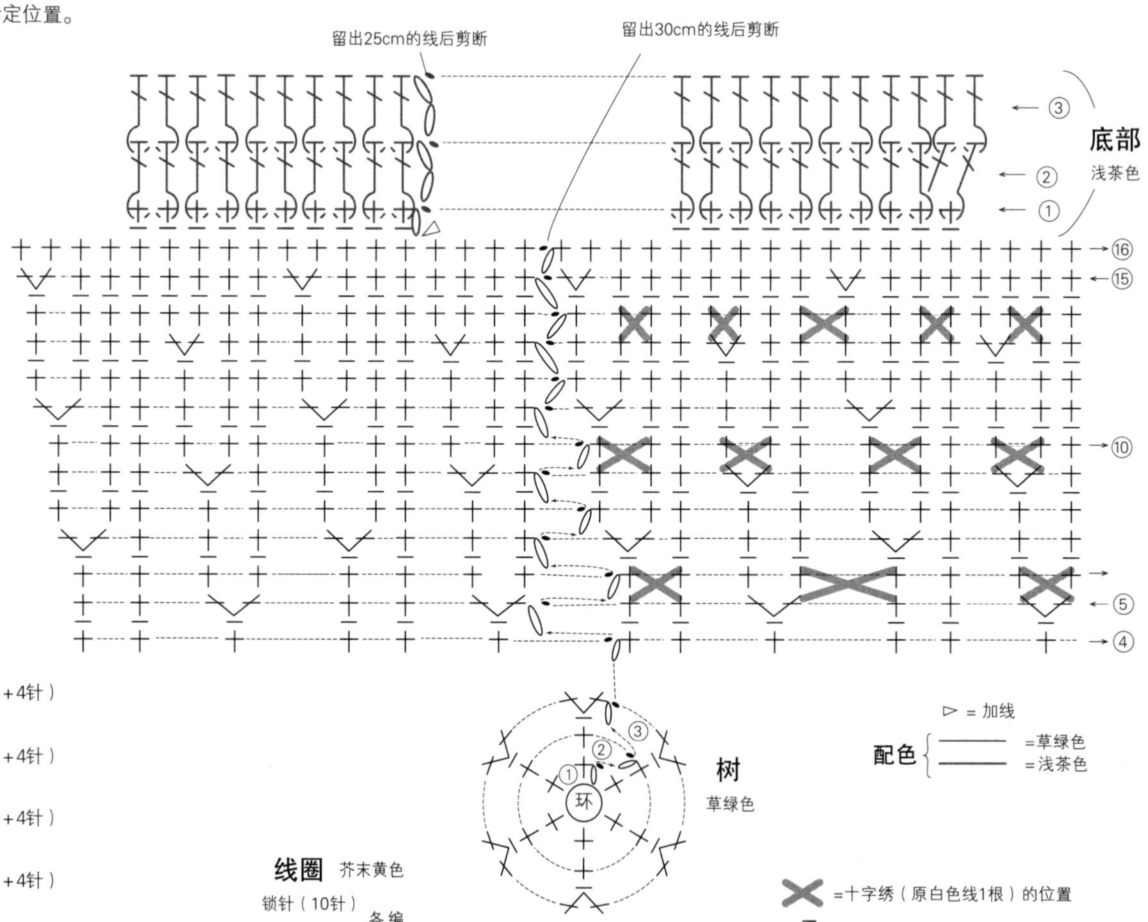
留出25cm的线后剪断
留出30cm的线后剪断
③
②
①
底部
浅茶色
⑯
⑮
⑩
⑤
④
①
②
③
环
树
草绿色
▷ = 加线
配色
=草绿色
=浅茶色

树的加针钩织

行	针数	
16行	36针	
15行	36针	（+4针）
14行	32针	
13行	32针	（+4针）
12行	28针	
11行	28针	（+4针）
10行	24针	
9行	24针	（+4针）
8行	20针	
7行	20针	（+4针）
6行	16针	
5行	16针	（+4针）
4行	12针	
3行	12针	（+6针）
1、2行	6针	

线圈 芥末黄色

锁针（10针）

各留出20cm线
编织起点和编织终点

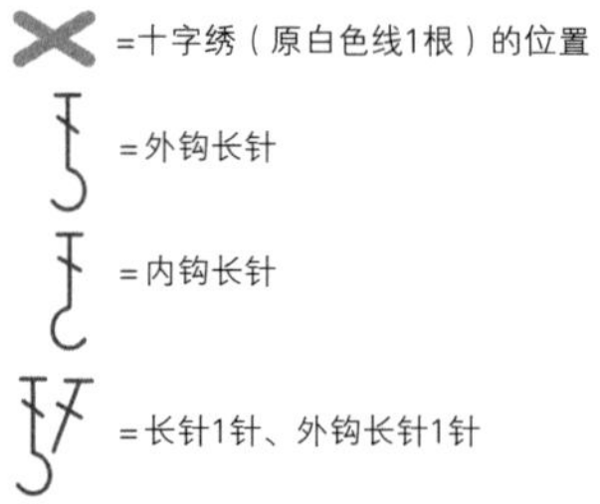
=十字绣（原白色线1根）的位置
=外钩长针
=内钩长针
=长针1针、外钩长针1针

编织方法

37、38

图案… p.47

毛线

37 / 和麻纳卡粗邦尼
原白色（442）30g、亮绿色（427）40g（各1团）
和麻纳卡中粗邦尼
粉红色（110）、淡粉色（109）、黄绿色（124）各3g（各1团）
38 / 和麻纳卡粗邦尼
蓝色（462）65g（2团）、白色（401）15g（1团）

针

钩针8/0号、5/0号

成品尺寸

宽26cm，长12.5cm

编织要点

●钩织39针锁针起针，从底部开始钩织。底部有线圈的一侧作为正面。
●拖布套上面①部分，作品37是钩织短针，作品38是钩织短针条纹花样。挑织底部起针的针目，按照相同方法钩织拖布套上面②部分。
●锁针25针钩织4根带子，缝在指定位置。
●作品38用粗邦尼线，每种颜色的花片各钩织5片，缝在拖布套上。花朵中间和四周用刺绣装饰。
●把拖布套的上面与底部卷针钉缝在一起。

37 成品图

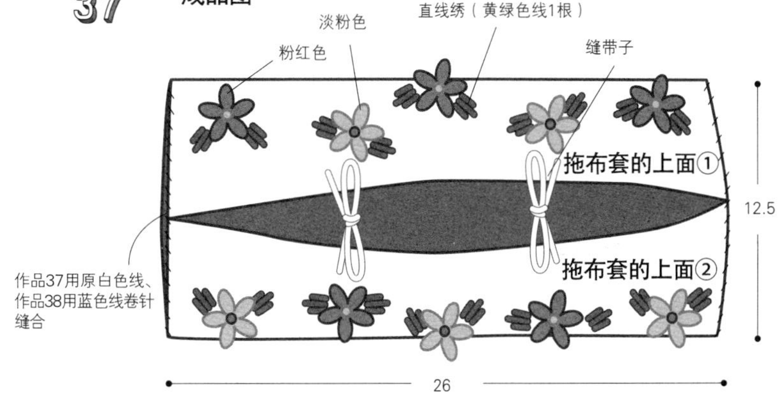

淡粉色
直线绣（黄绿色线1根）
粉红色
缝带子
拖布套的上面①
拖布套的上面②
12.5
作品37用原白色线、作品38用蓝色线卷针缝合
26

37 花片

粉红色、淡粉色 各5片
5/0号针

①
环

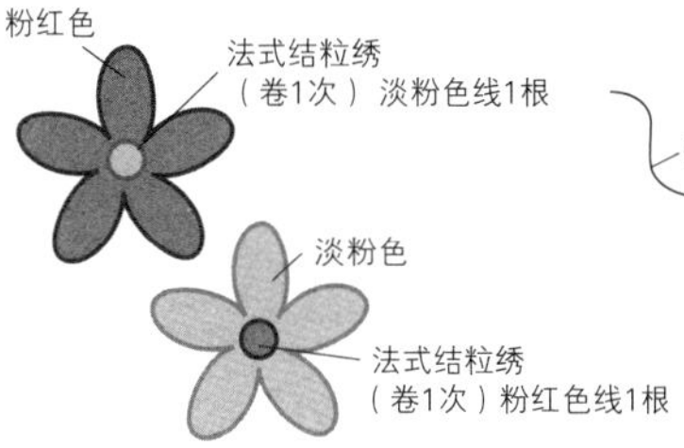

粉红色
法式结粒绣（卷1次）淡粉色线1根
淡粉色
法式结粒绣（卷1次）粉红色线1根

带子 各4根
作品37=原白色 作品38=蓝色

留出15cm的线后剪断
15 锁针（25针）起针

＊花片以外均使用8/0号针。

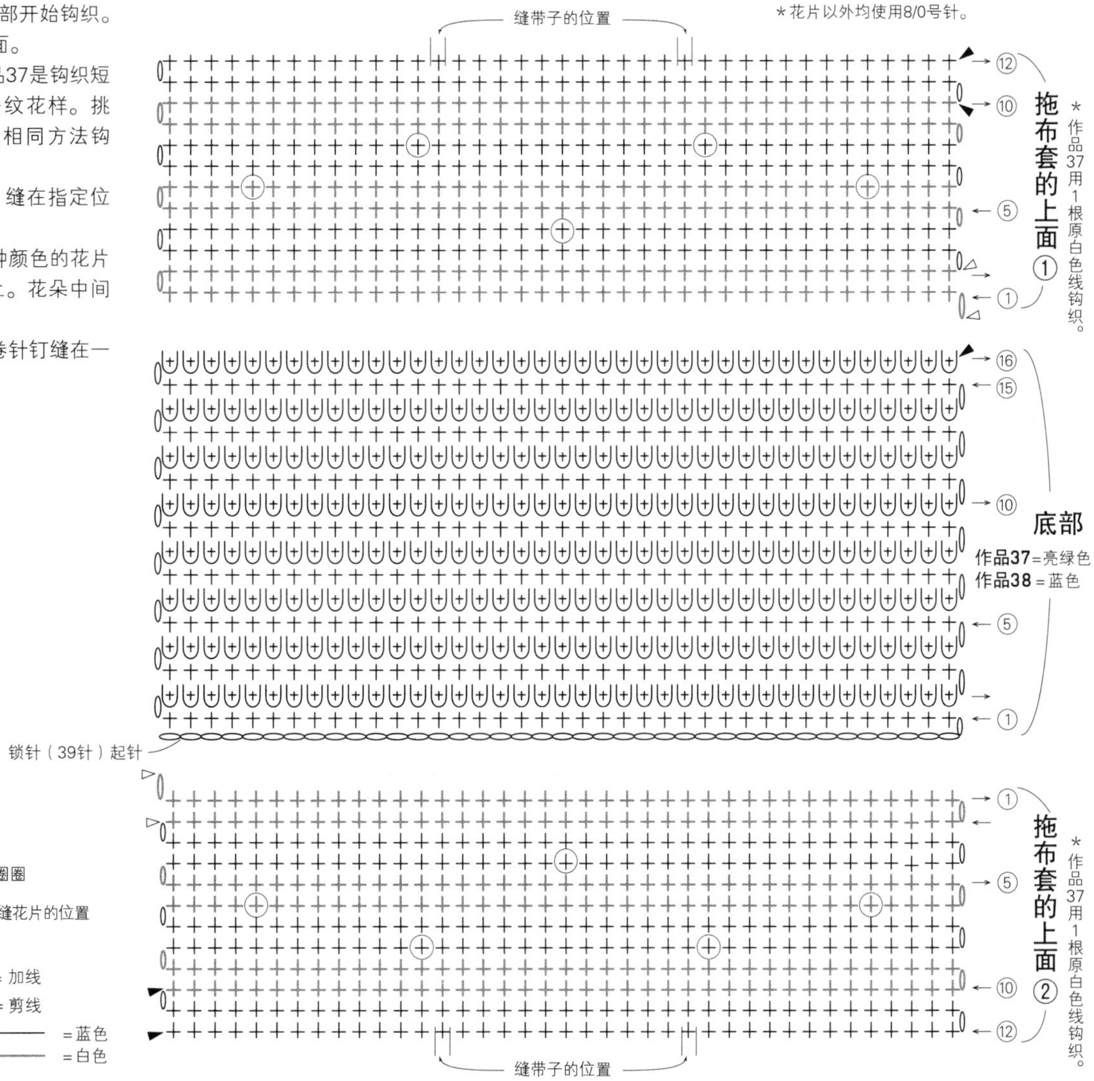

缝带子的位置
⑫
⑩
⑤
①
拖布套的上面①
＊作品37用1根原白色线钩织。
⑯
⑮
⑩
⑤
①
底部
作品37=亮绿色
作品38=蓝色
锁针（39针）起针
①
⑤
⑩
⑫
拖布套的上面②
＊作品37用1根原白色线钩织。
缝带子的位置

= 短针的圈圈

○ = 作品37缝花片的位置

▷ = 加线
▶ = 剪线

作品38的配色 { ——— = 蓝色 ——— = 白色

钩针编织基础

Basic Lesson

挂线手法（左手）

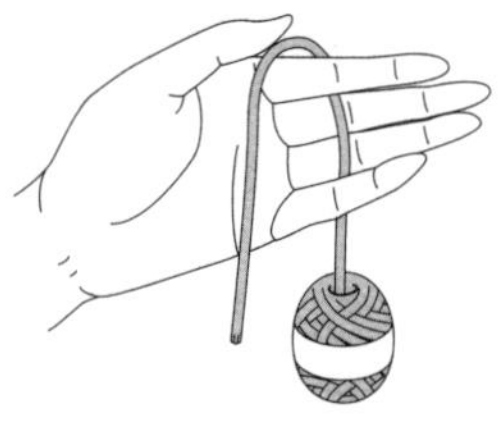

❶毛线从左手中指和食指的内侧通过，毛线球放在手指的外侧。

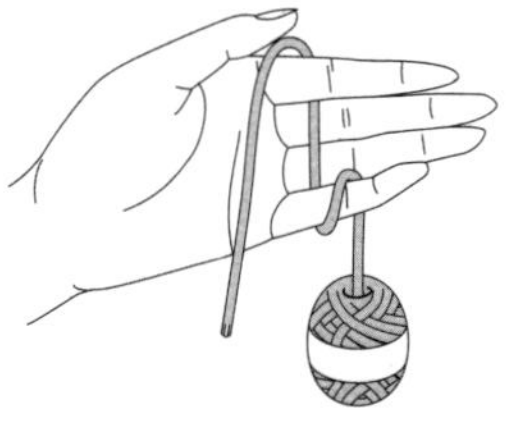

❷如果毛线很细或者很滑，可以在小指上绕一圈以防掉落。

一下子拉紧
毛线

❸用拇指和中指捏住毛线，抬起食指，拉紧毛线。

拿钩针的方法（右手）

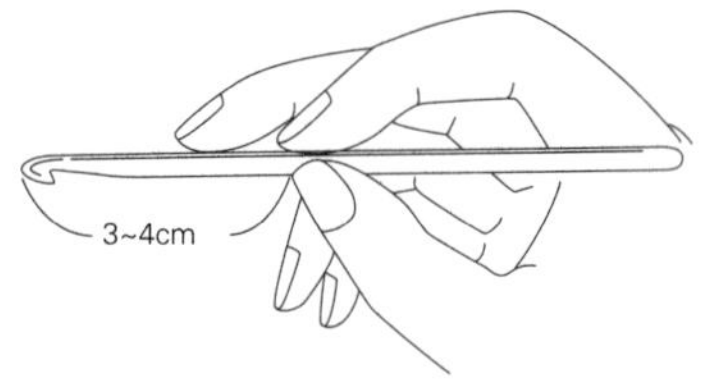
3~4cm

拇指和食指轻轻地握住钩针，中指放在上面。

⬭ 锁针

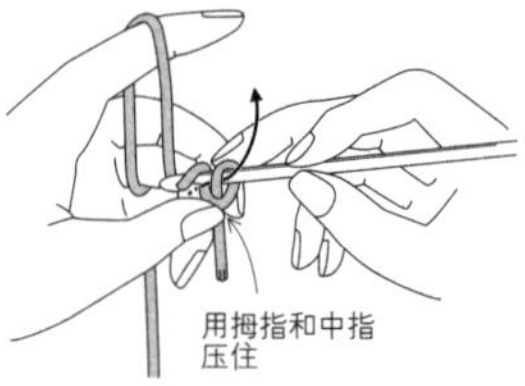
用拇指和中指
压住

❶如图所示，用毛线绕成线环，钩针挂线拉出。

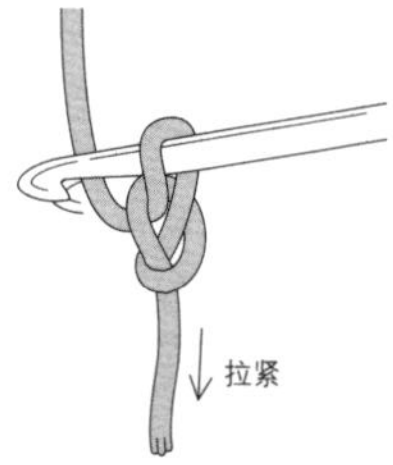
拉紧

❷拉紧线环（基础针，不算在具体的针数内）。

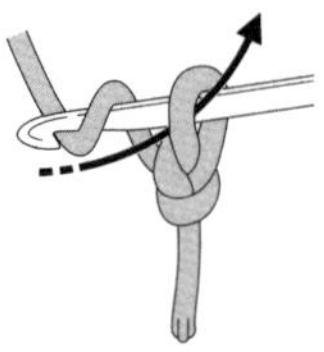

❸钩针挂线，拉出。

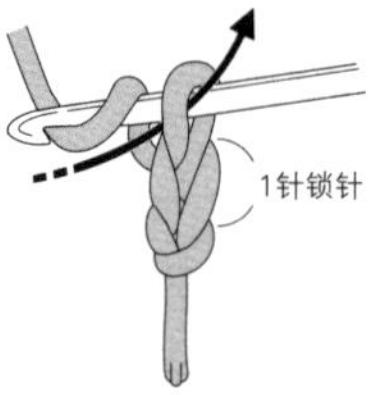
1针锁针

❹织完1针。按照相同的方法继续钩织。

锁针起针

起针，是开始钩织的基础。由于在钩织的过程中，锁针的起针会不停地被拉伸，所以可以织得松一些。

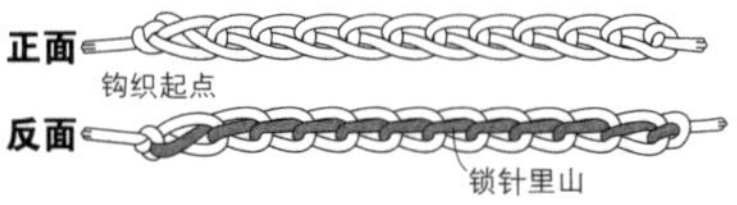
正面
钩织起点
反面
锁针里山

挑织锁针的方法

挑织锁针里山的方法

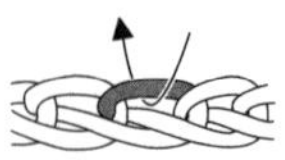

挑织锁针半针的方法

※在没有明确说明的情况下，一般是挑织半针和里山2根线。

环 线环起针（毛线绕成线环）

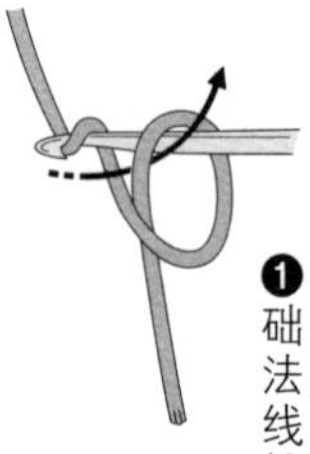

❶按照锁针基础针的钩织方法，毛线绕成线环后，钩针挂线拉出。

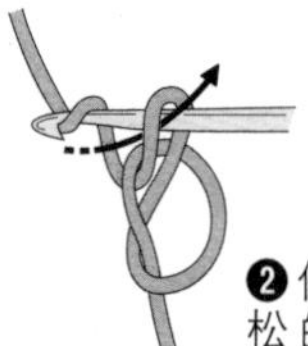

❷保持线环宽松的状态，立织1针锁针。

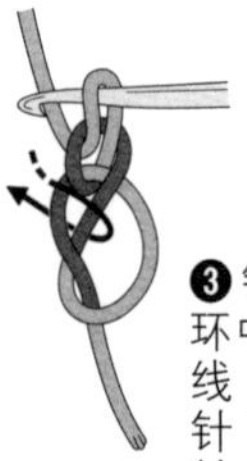

❸钩针放入线环中，挑织2根线（这里是短针），钩织首针。

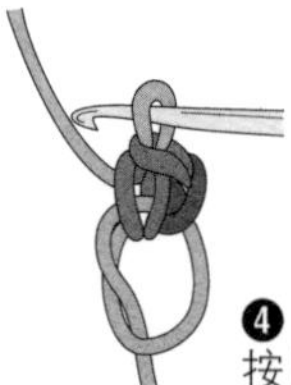

❹短针1针完成。按照同样的方法，在线环中钩织第1行，拉住毛线一头，将线环收紧。

编织符号图的阅读方法

编织符号图，就是将织片的针目按照原样用标记标示，是从织片的正面看到的状态。在实际钩织时，一般是自右向左钩织，往返时会交替确认织片的正面和反面。对于每行起点的立织锁针，图中的右侧部分是从正面钩织的行，左侧部分是从反面钩织的行。如果是环形钩织，基本都是确认着正面的状态钩织。

因为针目位于钩针的下面，所以编织图都是按照从下向上的方向显示的（如果是环形钩织，则是从中间向外侧）。找到编织起点后，按照顺序编织即可。

往返钩织（从下向上，奇数行是正面）

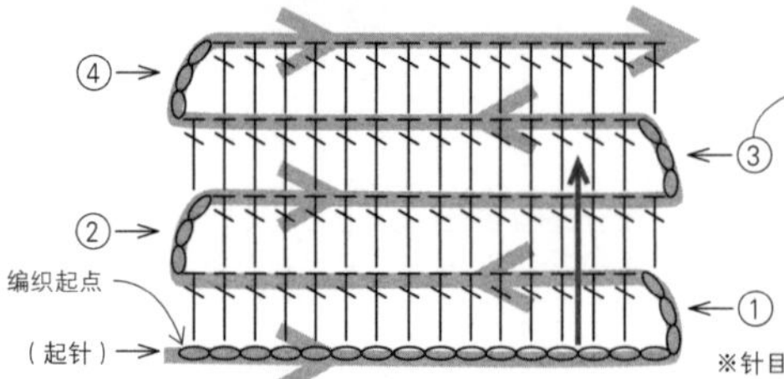
④
③
②
①
编织起点
（起针）

※针目的单位是"针"，很多针横着连成1列，被称为"行"。

环形钩织（从中间向外侧）

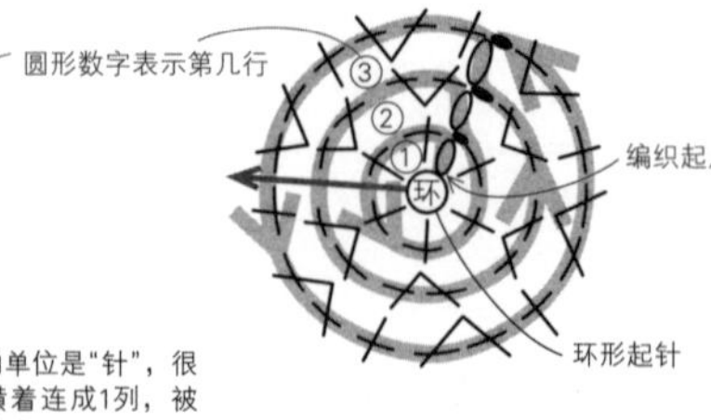
圆形数字表示第几行
③
②
①
环
编织起点
环形起针

短针

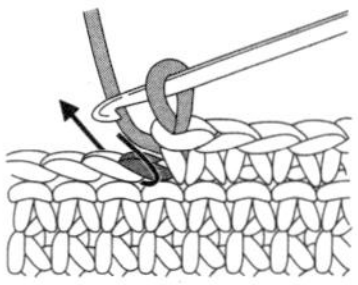

❶从上一行针目头部的2根线入针。

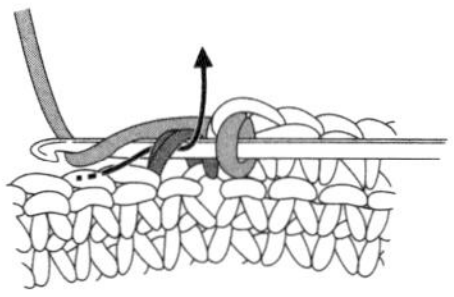

❷钩针挂线，线拉出的高度和1针锁针的高度相同。

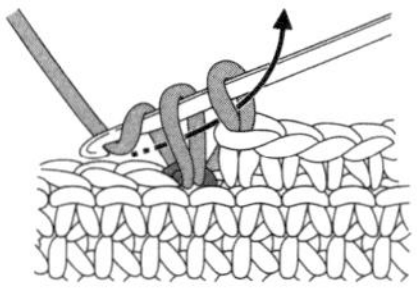

❸再次挂线，钩针穿过2个线圈一起引拔。

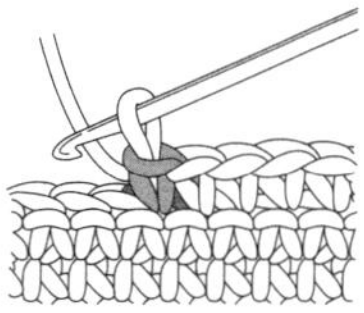

❹1针短针完成。

引拔针

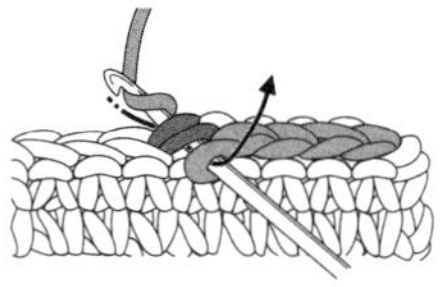

钩针挂线，引拔。

中长针

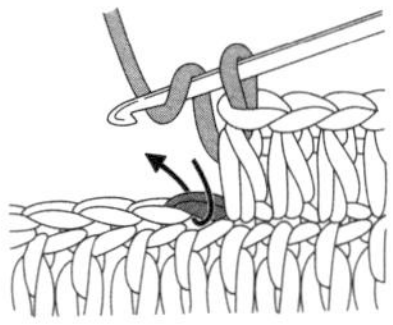

❶钩针挂线，从上一行针目端头的2根线入针。

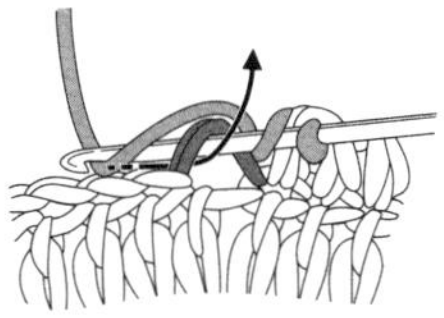

❷钩针挂线，线拉出的高度和2针锁针的高度相同。

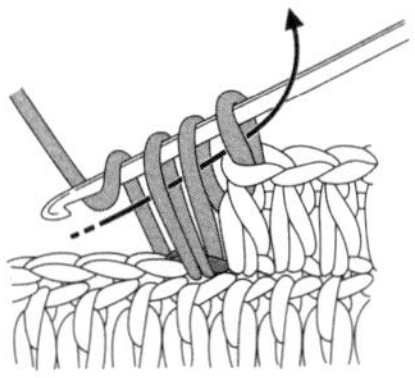

❸再次挂线，钩针穿过3个线圈一起引拔。

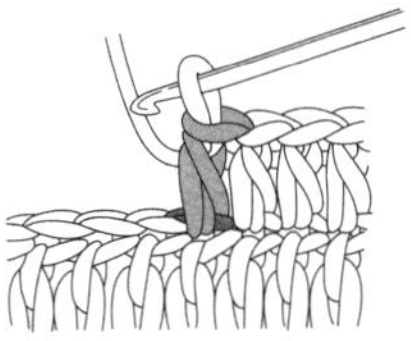

❹1针中长针完成。

未完成的针目

未完成的中长针

未完成的长针

在最后的引拔之前，钩针放在线圈中，我们将这种状态称为“未完成的针目”，在减针或者钩织枣形针时会用到。

长针

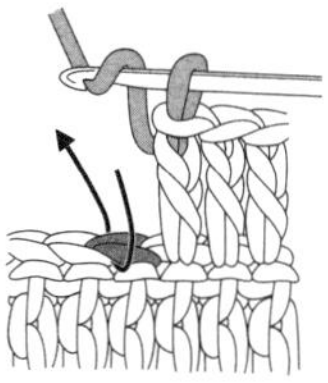

❶钩针挂线，从上一行针目头部的2根线入针。

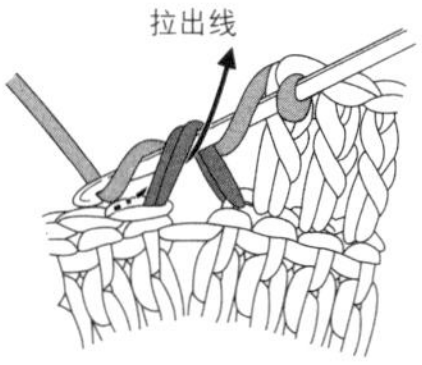

拉出线

❷钩针挂线，线拉出的高度和2针锁针的高度相同。

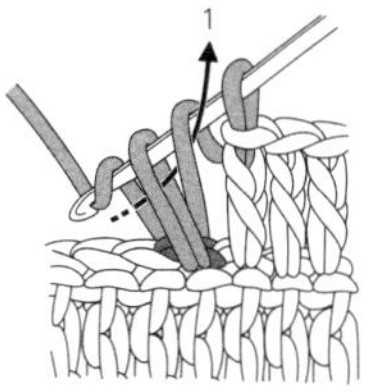

1

❸再次挂线，钩针穿过2个线圈一起引拔。

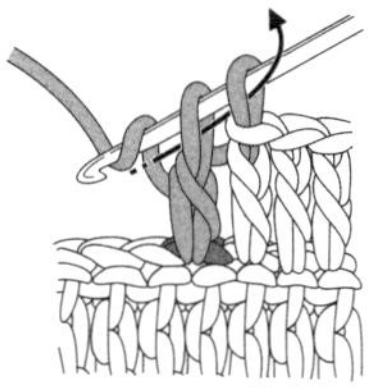

2

❹再次挂线，钩针穿过剩余的2个线圈一起引拔。

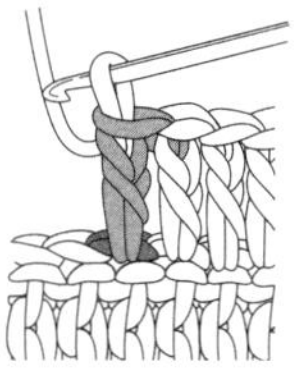

❺1针长针完成。

长长针

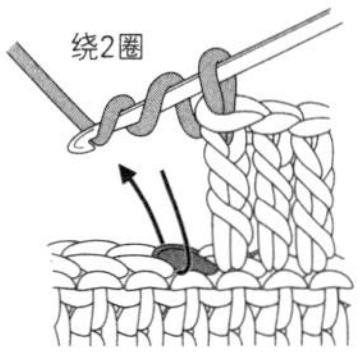

绕2圈

❶线在钩针上绕2圈，自上一行针目头部的2根线入针。

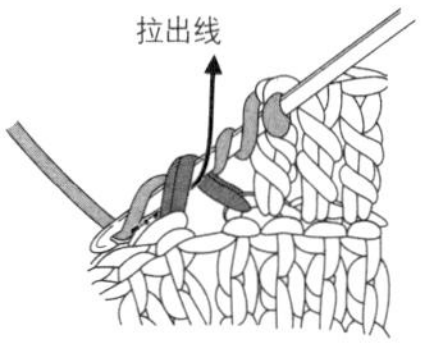

拉出线

❷钩针挂线，线拉出的高度和2针锁针的高度相同。

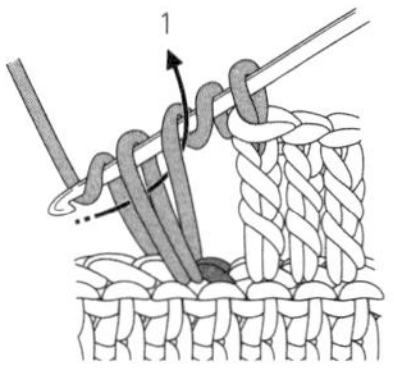

1

❸再次挂线，钩针穿过2个线圈一起引拔。

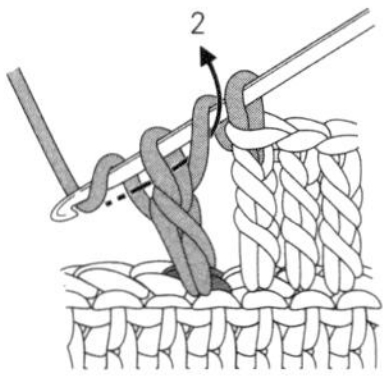

2

❹再次挂线，钩针穿过2个线圈一起引拔。

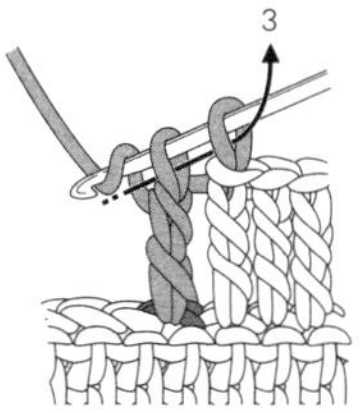

3

❺再次挂线，钩针穿过剩余的2个线圈一起引拔。

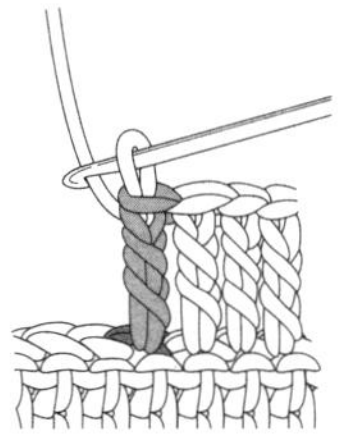

❻1针长长针完成。

扭转短针

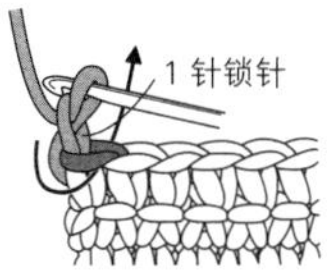

1 针锁针

❶织片保持不动，立织1针锁针，扭转钩针，从身前一侧入针。

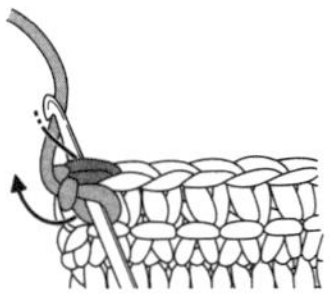

❷按照箭头所示方向，钩针挂线，拉出。

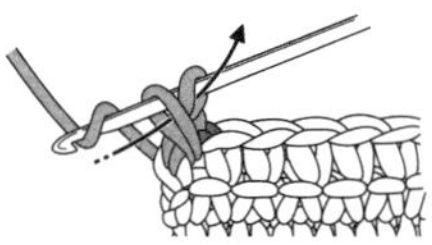

❸钩针挂线，按照箭头方向从2个线圈中一起引拔，钩织短针。

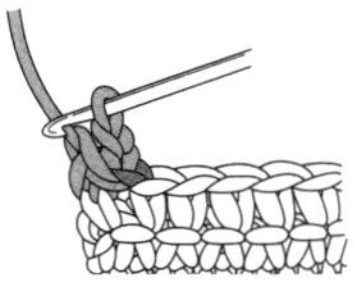

❹扭转短针完成。

短针条纹针

※中长针、长针条纹针钩织方法也是相同的。

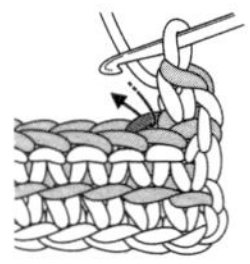

自上一行针目的正面入针，挑织另一侧的钩织半针。

短针1针放2针（针目入针）

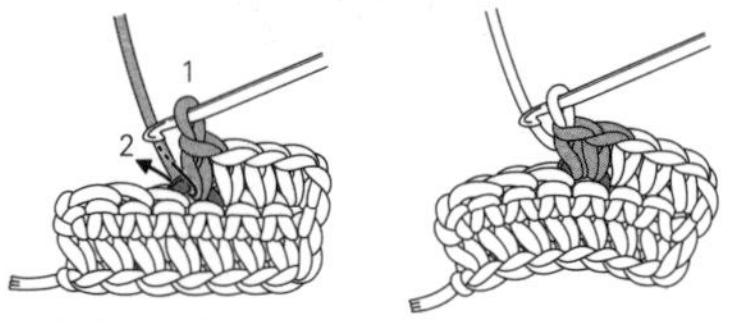
1
2

❶钩织1针短针，从相同的针目入针再钩织1针短针。

❷同一针目里有2针短针。

短针2针并1针

※即使针目不同，方法也是相同的。

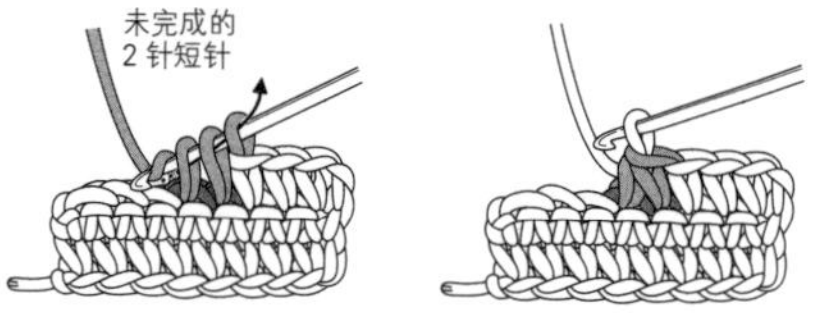
未完成的
2针短针

❶ 钩织未完成的2针短针，钩针挂线自3个线圈中一起引拔。

❷2针变成了1针，短针2针并1针完成。

符号的解读方法　针目入针与成束挑织

底部连接在
一起的情况
底部分离的情况

底部连接在一起的情况：从上一行针目的头部针（即针目）入针。

底部分离的情况：从上一行针目（锁针等）的空隙中入针，钩织时就像包住整个针目一样，成束挑起。

※即使是不同的针目符号，方法也是相同的。

长针1针放3针（成束挑织）

※即使针目不同，方法也是相同的。

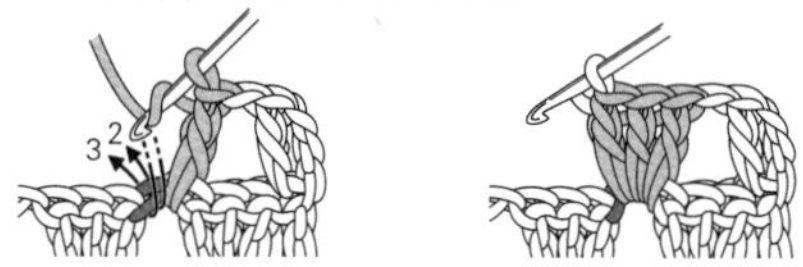
3
2
1

❶自上一行锁针下面的空隙处入针（成束挑起），钩织3针长针。

❷将3针长针钩成一束。

长针2针并1针

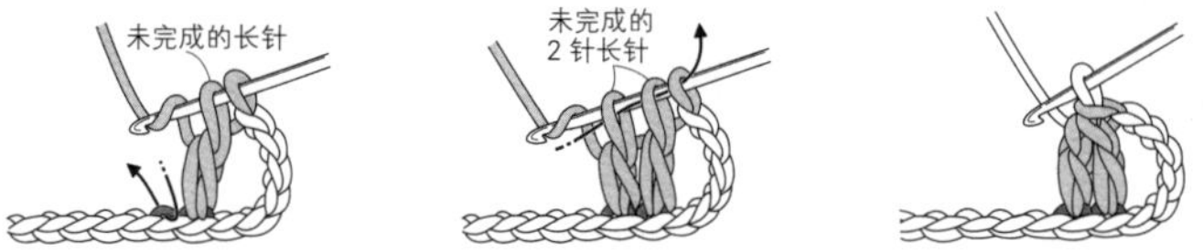
未完成的长针
未完成的
2针长针

❶编织未完成的长针，下一针也编织未完成的长针。

❷钩针挂线，自3个线圈中一起引拔。

❸2针变成了1针，长针2针并1针完成。

长针3针的枣形针（成束挑织）

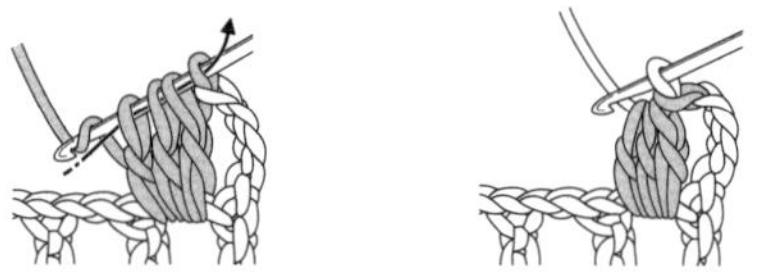

❶在同一个位置钩织3针未完成的长针，钩针挂线，从所有的线圈中一起引拔。

❷长针3针的枣形针完成。

长针5针的爆米花针（针目入针）

※即使针目不同，方法也是相同的。

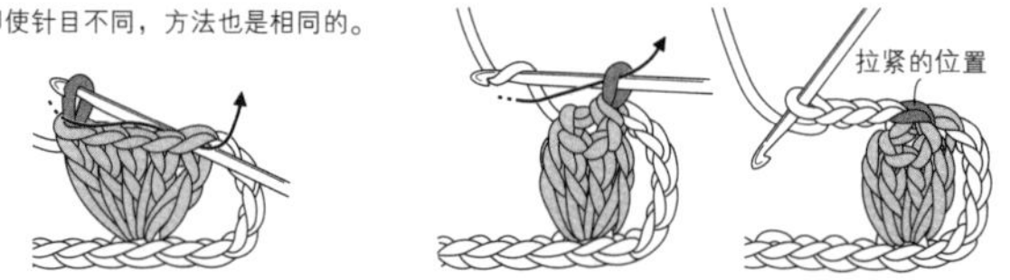
拉紧的位置

❶在同一个位置钩织5针长针。暂时将钩针拿出，从身前一侧的第一针重新入针，按照箭头方向引拔。

❷注意拉出后线不要松散，钩织1针锁针后，在拉紧的位置，长针5针的爆米花针就完成了。

变化的中长针3针的枣形针（针目入针）

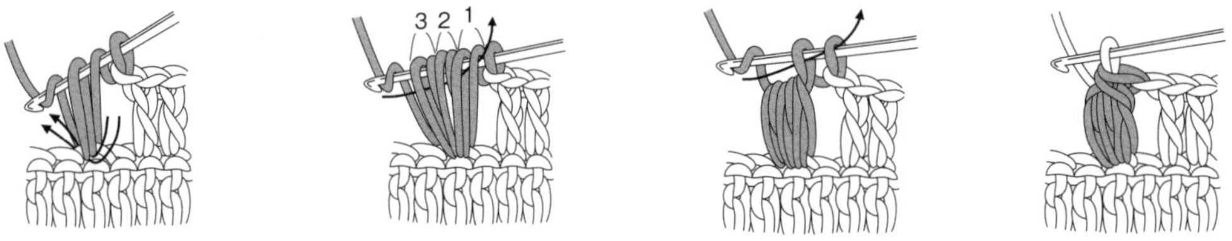
3 2 1

❶钩针挂线，线拉出的高度与锁针2针的高度相同（未完成的中长针）。钩针再次挂线，按照相同方法钩织2次。

❷钩出3针未完成的中长针后，钩针挂线，线从钩针穿过的6个线圈中引拔（保留最右侧的线圈）。

❸钩针挂线，线从剩下的2个线圈中引拔。

❹变化的中长针3针的枣形针完成。

短针配色（横向渡线包卷钩织）

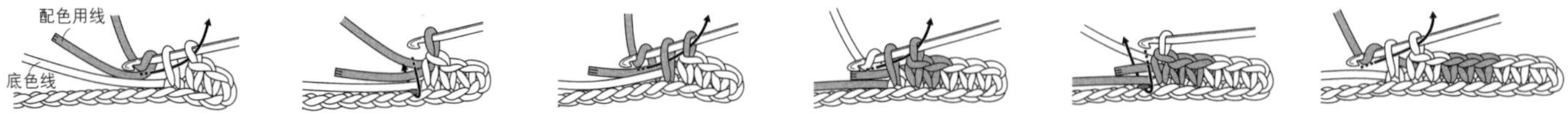
配色用线
底色线

❶在配色前一针的短针处引拔，替换成配色线。

❷钩针挑起底色线和配色线的线头，一起拉出。

❸包卷底色线的同时，用配色线钩织短针。

❹最后引拔配色线时替换成底色线。

❺包卷配色线的同时，底色线钩织短针。

❻按照相同方法，一边钩织一边替换线。

萝卜丝短针

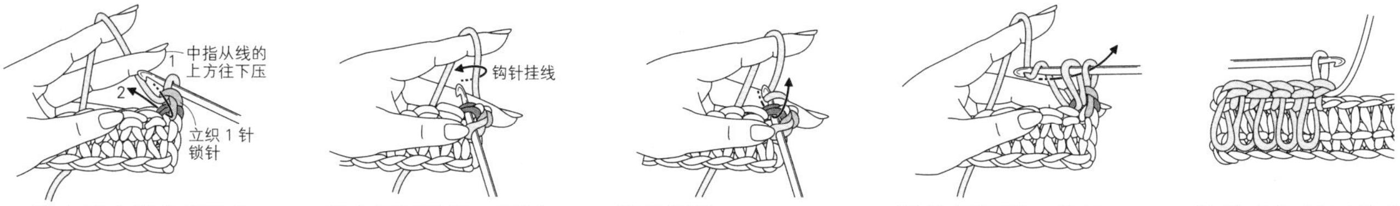
中指从线的上方往下压
1
2
立织1针锁针
钩针挂线

❶左手中指从线的上方往下压，挑织上一行针目。

❷中指压住线，同时钩针挂线。

❸拉出线。

❹钩织短针。松开中指，反面就形成了线圈。

❺从反面看到的状态。钩织时要随时确认线圈是否整齐。

变形长针1针的交叉（右上）

※针数不同，方法是相同的。

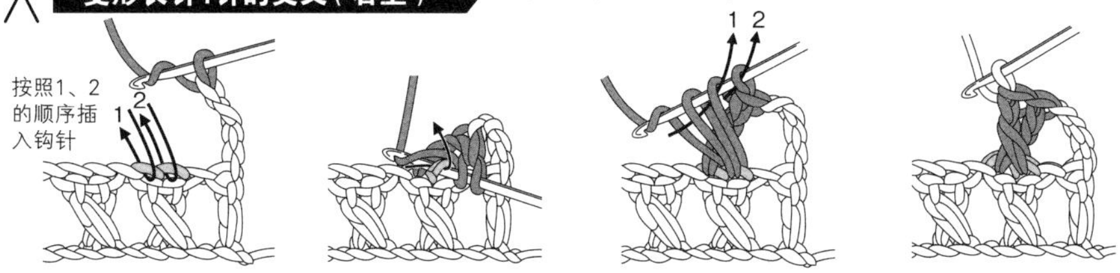
按照1、2的顺序插入钩针
1
2
1 2

❶在上一行的2针处钩织第1针长针。

❷钩针挂线，自上一行第1针入针（长针的第1针在另外一侧），钩针挂线后拉出。

❸钩针挂线，每2个线圈引拔，钩织长针。长针的第1针在另外一侧，不需要包卷。

❹变形长针1针的交叉（右上）完成。

外钩长针

※短针钩织也是相同方法。

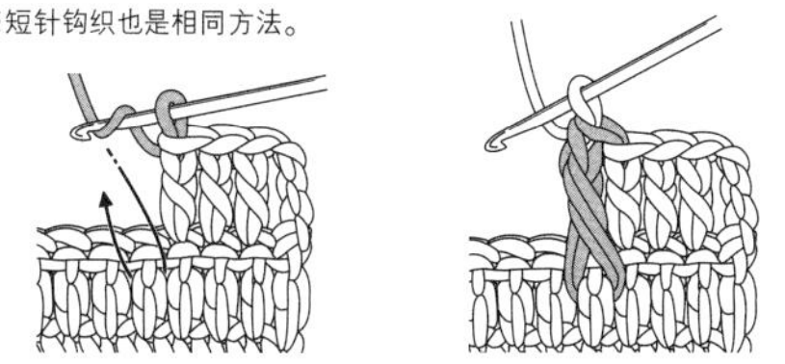

❶钩针挂线，从上一行身前一侧的针脚入针，钩织长针。

❷外钩长针完成。

变形长针1针的交叉（左上）

※针数不同，方法是相同的。

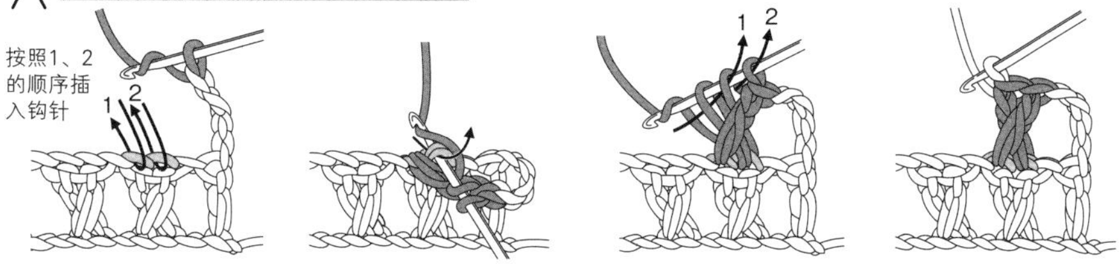
按照1、2的顺序插入钩针
1
2
1 2

❶在上一行的第2针处钩织第1针长针。

❷钩针挂线，自上一行的第1针入针（长针的第1针位于身前一侧），钩针挂线后拉出。

❸钩针挂线，每2个线圈引拔，钩织长针。长针的第1针在身前一侧，不需要包卷。

❹变形长针1针的交叉（左上）完成。

内钩长针

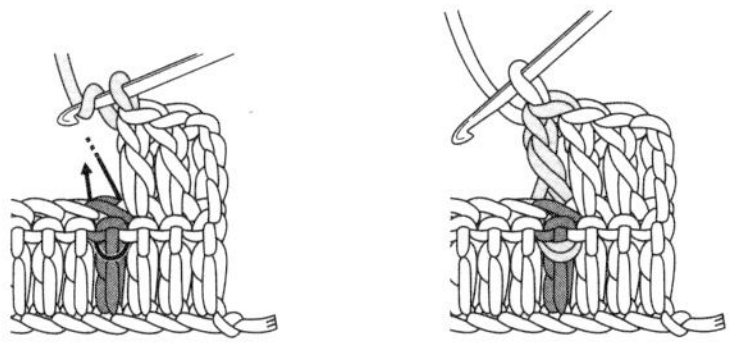

❶钩针挂线，从上一行反面一侧的针脚处入针后拉出，钩织长针。

❷内钩长针完成。

锁针3针的引拔狗牙针（长针）

※锁针2针、短针3针也是相同方法。

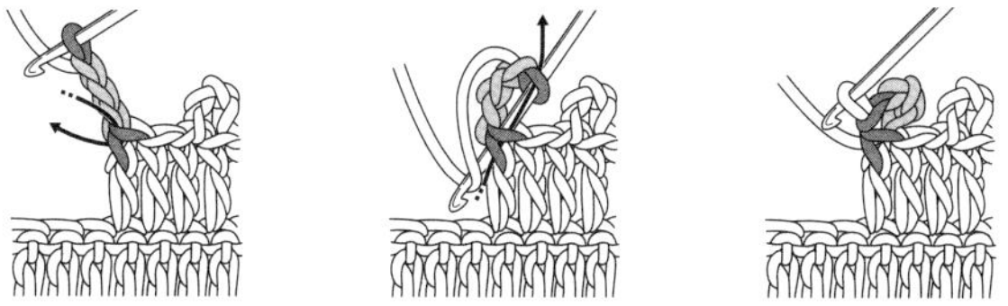

❶钩织3针锁针，按照箭头方向，自长针头部的半针和针脚的1根线处入针。

❷钩针挂线，按照箭头方向引拔。

❸长针头部处的锁针3针的引拔狗牙针（长针）完成。

锁针起针的环形钩织

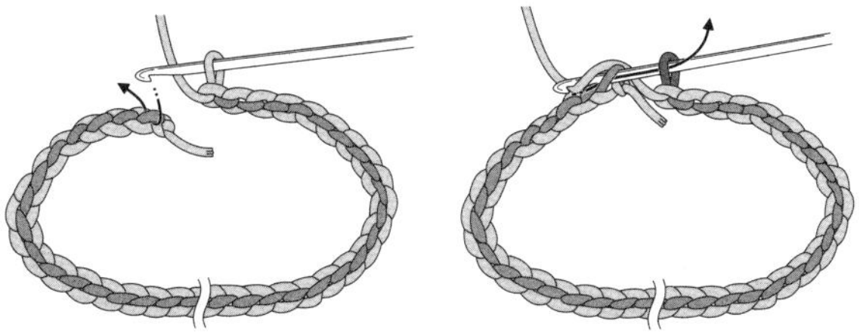

❶注意已钩好的锁针部分不要拧转，自锁针里山的第1针入针。

❷钩针挂线，引拔后形成环形。

卷针缝合

针目对针目缝合（钉缝）

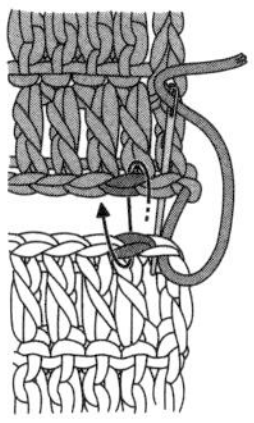

每次都从相同的方向入针，一针一针地钉缝。钉缝终点处，用钩针再从同一位置缝一两次。

行对行缝合（接缝）

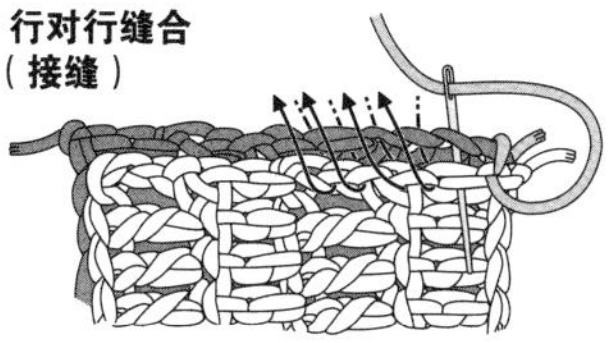

2片织片反面朝外对齐，拨开头部的针目，在一行长针中入针2次或3次。

半针缝合

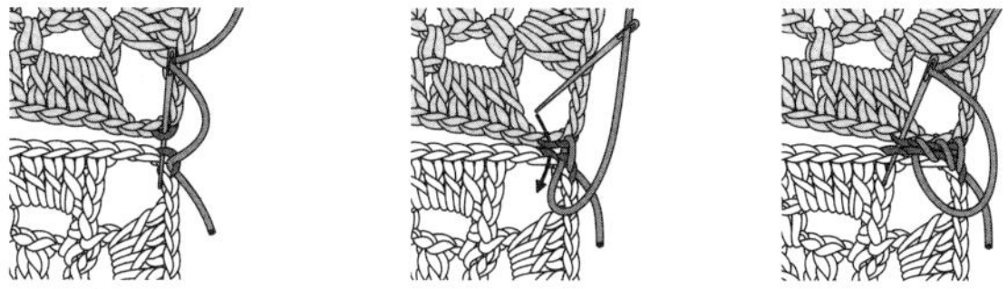

❶分别从反面、身前一侧的外面1根线入针。最开始的针目要入针2次。

❷从第2针开始，按照箭头所示方向，外侧每半针入针一次。

❸每个针目都按照相同方法缝合。

图书在版编目（CIP）数据

创意十足的钩针编织居家清洁小物／日本宝库社编著；甄东梅译. --郑州：河南科学技术出版社，2024.8. -- ISBN 978-7-5725-1618-4

Ⅰ. TS935.521-64

中国国家版本馆CIP数据核字第2024RR7042号

出版发行：河南科学技术出版社
地址：郑州市郑东新区祥盛街27号　邮编：450016
电话：（0371）65737028　65788613　65788631
网址：www.hnstp.cn
策划编辑：仝广娜
责任编辑：梁莹莹
责任校对：王晓红
封面设计：张　伟
责任印制：徐海东
印　　刷：徐州绪权印刷有限公司
经　　销：全国新华书店
开　　本：889 mm × 1 194 mm　1/16　印张：4　字数：150千字
版　　次：2024年8月第1版　2024年8月第1次印刷
定　　价：49.00元

如发现印、装质量问题，影响阅读，请与出版社联系并调换。